▲ 实例：制作视频封面

▲ 实例：合成手中火焰

把新鲜的金枪鱼肉清净去掉鱼皮

切成4厘米×2厘米的片，放入盘中备用。

取适量寿司饭捏成椭圆形饭团，在饭团上放一点芥末与金枪鱼

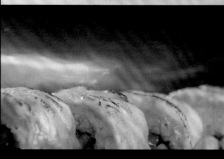

▲ 实例：文字转语音制作美食寿司视频效果图

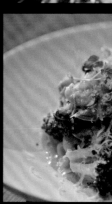

▲ 实例：芝士焗面美食短视频

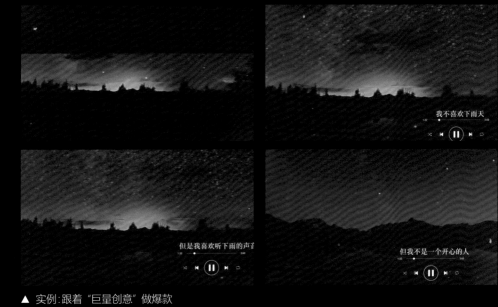

▲ 实例:跟着"巨量创意"做爆款

▲ 实例:红色花海色调

▲ 实例:唯美清新色调　　　　　▲ 实例:黑金色调

▲ 实例：炫酷科幻感转场

唯美世界 曹茂鹏 编著

手机短视频

策划、拍摄、剪辑、运营、变现一本通

微课视频 全彩版

中国水利水电出版社
www.waterpub.com.cn
·北京·

内 容 提 要

《手机短视频策划、拍摄、剪辑、运营、变现一本通（微课视频 全彩版）》是一本专为短视频新手、短视频爱好者、直播爱好者以及没有任何经验但是想拍出热门短视频、开直播有人气、直播带货有销量、运用短视频和直播平台变现等读者而写的入门教材，主要讲述了手机短视频的策划、拍摄、剪辑、运营和变现等内容。

本书内容主要分为 3 部分：第 1 部分为短视频策划拍摄篇（第 1~5 章），主要讲解了短视频新手必学知识、短视频拍摄基础、短视频构图 、短视频中的"光"与"色"、"爆款"短视频创作思路拆解等内容；第 2 部分为剪映视频编辑篇（第 6~12 章），主要讲解了剪映基础操作、使用剪映剪辑视频、使用剪映配音配乐、使用剪映为视频调色、使用剪映添加文字、玩转剪映的炫酷特效、使用剪映制作动画等内容；第 3 部分为短视频运营与变现篇（第 13 和第 14 章），主要讲解了让短视频流量暴涨的运营技巧、抖音开店、直播带货、知识付费、通过"巨量星图"变现等内容。

为了让读者朋友更好地精通短视频的创作与运营，本书赠送以下内容：①本书 166 分钟的剪映实例视频教程；②《1000 个短视频达人账号名称》电子书；③《200 个直播带货达人账号名称》电子书；④《30 秒搞定短视频策划》电子版；⑤《手机端剪映&电脑端剪映功能对照速查（通用版）》电子书。读者按照图书前言说明下载即可。

图书在版编目（CIP）数据

手机短视频策划、拍摄、剪辑、运营、变现一本通：
微课视频 全彩版 / 唯美世界，曹茂鹏编著 . —北京：中国
水利水电出版社，2022.9 (2024.12重印).

ISBN 978-7-5226-0894-5

Ⅰ.①手… Ⅱ.①唯…②曹… Ⅲ.①移动电话机–摄
影技术②视频编辑软件 Ⅳ.① J41 ② TN929.53 ③ TN94

中国版本图书馆 CIP 数据核字 (2022) 第 141188 号

书　　名	手机短视频策划、拍摄、剪辑、运营、变现一本通（微课视频 全彩版）
	SHOUJI DUAN SHIPIN CEHUA, PAISHE, JIANJI, YUNYING, BIANXIAN YIBENTONG
作　　者	唯美世界　曹茂鹏　编著
出版发行	中国水利水电出版社
	（北京市海淀区玉渊潭南路 1 号 D 座 100038）
	网址：www.waterpub.com.cn
	E-mail：zhiboshangshu@163.com
	电话：（010）62572966-2205/2266/2201（营销中心）
经　　售	北京科水图书销售有限公司
	电话：（010）68545874、63202643
	全国各地新华书店和相关出版物销售网点
排　　版	北京智博尚书文化传媒有限公司
印　　刷	河北文福旺印刷有限公司
规　　格	170mm×240mm　16 开本　21.5 印张　430 千字　2 插页
版　　次	2022 年 9 月第 1 版　2024 年 12 月第 4 次印刷
印　　数	14001—17000 册
定　　价	99.80 元

前　言

"人人皆主播，万物皆可播。"全民短视频、全民直播时代已开启，抖音、快手、微信视频号、小红书、淘宝、微博、知乎和哔哩哔哩等平台的海量短视频与直播填补了人们的碎片化时间。观者在短视频平台上可以看搞笑视频、听动听歌曲、探索未知世界、学习知识技能、购买喜欢的商品，还可以自己拍短视频和开直播获得收益。

看了那么多短视频和直播，对于拍出热门视频、变现、直播带货是不是也心生向往？如今越来越多的个人、明星、大品牌、企业纷纷加入短视频和直播的阵营，巨大的"现象级"短视频时代机遇，你能否把握住？

你可能会纠结：我能不能成为短视频创作者？我能拍什么类型的视频？怎么拍？怎么剪辑视频？怎么搞懂运营？怎么完成变现？怎么打造一个人气满满的直播间？以上问题都是本书的重点，本书完全针对手机短视频新手而写。一部手机、一本书，帮你实现从短视频拍摄、剪辑、运营到变现的全流程，让你精通短视频时代的流量思维和底层逻辑。

本书至少包括以下内容：

26 个不可不知的短视频专业术语、5 种拍摄景别、3 种拍摄视角、4 种不同类型的拍摄镜头、12 种超美的短视频构图方式、11 种短视频布光技巧、13 大类 39 种爆款短视频创作思路拆解、32 个剪映编辑视频精彩实例、6 个抖音短视频运营的基础知识、9 种短视频标题的"万能公式"、5 个热门短视频的要素、21 个短视频爆火的技巧、10 种短视频变现方式、13 种直播带货必学知识、6 个直播间吸睛技巧、22 个"本节 / 章任务"让你学以致用。

为了让读者朋友更好地精通短视频的创作与运营，本书赠送以下内容：

➥ 本书 166 分钟的剪映实例视频教程。

➥《手机端剪映 & 电脑端剪映功能对照速查（通用版）》电子书。

➥《1000 个短视频达人账号名称》电子书。

➥《200 个直播带货达人账号名称》电子书。

➥《30 秒搞定短视频策划》电子版。

读者可以使用手机微信扫描并关注下方的微信公众号（设计指北），输入

DSP10002 发送至公众号后台，获取本书的资源下载链接。将该链接复制到计算机浏览器的地址栏中，根据提示进行下载。

读者可以加入本书的读者交流圈，与其他读者在线学习交流，或者查看本书的相关资讯。

注意：由于抖音、剪映等软件和平台的功能时常更新，本书与读者实际使用的软件界面、按钮、功能、名称可能会存在部分区别，但基本不影响使用。同时，作为创作者也要时刻关注平台动向以及政策要求，创作符合法律法规以及平台规范的作品。

本书由唯美世界组织编写，其中，曹茂鹏担任主要编写工作，参与本书编写和资料整理的还有瞿颖健、董辅川、王萍、杨力、瞿学严、杨宗香、曹元钢、张玉华、李芳、孙晓军、张吉太、唐玉明、朱于凤、瞿玉珍等人，在此一并表示感谢。

编　者

2022 年 7 月

目　录

短视频策划拍摄篇

第2章 短视频拍摄基础 028

剪映视频编辑篇

短视频运营与变现篇

策划拍摄篇

第 1 章

短视频新手必学知识

■ 本章要点

视频，几乎人人都可以拍摄。无非是拿出手机，瞄准被拍摄对象，点击"开始录制"按钮就可以了。的确，拍摄视频没有难度。但想要拍摄出能够称为"作品"、能够被人关注、能够成为"热门"的短视频，却是一门需要认真学习的技术。那么就从本章开始，了解拍好短视频的基础知识，为未来的拍摄奠定基础吧。

1.1　认识短视频

　　想要进入短视频行业的新手朋友肯定有很多疑问，比如什么是短视频？拍短视频有什么用？该拍什么？怎么拍？本节就从零开始引领你认识短视频。

1.1.1　什么是短视频

　　短视频可以理解为时长较短的视频短片，通常在 5 分钟之内。短视频是随着互联网兴起的一种以自媒体为主的内容传播形式。与以往的电影、电视剧不同，短视频具有制作难度低、生成周期短、普及度高、影响范围大、传播速度快的特征。短视频的内容丰富，不仅可以是与微电影相似的剧情类短片，也可以是技能分享（如化妆、做菜、手工、绘画、舞蹈）、知识分享、产品测评、娱乐搞笑、新闻资讯等。另外，一段宣泄情绪的视频、记录路人的某个举动甚至是宠物之间的互动的视频都可以吸引大量的粉丝。

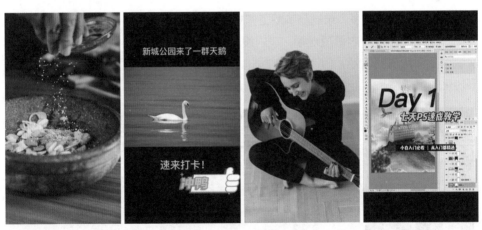

　　当下人们每天都面对着巨量的信息流，而短视频的时长较短，同类视频数量巨大，这就需要在极短的时间内抓住观者的眼球，不仅要在内容上吸引观者，而且在画面的视觉效果上也要下足功夫。

1.1.2　学会制作短视频能干什么

　　在自媒体时代，人人都可以是创作者，人人都可以拍摄短视频。那么学会了视频的制作究竟有什么用呢？

1. 记录生活

人们越来越习惯于用手机记录下生活中的点滴，如美妙的旅行、精心制作的美食、与萌宠玩闹的场景、宝宝的生日派对等，如果只是将这些美妙的片段留在记忆里，经年累月难免模糊。而通过镜头记录下来就不一样了，即使在几十年后重新翻看，也一定可以感受到当时的美好。

2. 扩大影响力，挖掘隐藏客户

从自身的专业出发，录制与本职工作相关的短视频，如律师的普法知识短视频、二手车经销商的行业内幕短视频、室内设计师的装修实用技巧短视频等，可让观者从认可到喜欢再到信赖，创造热度的同时也可精准地获取隐藏的客户，从而增加线下转化的可能性。

3. 短视频变现

通过拍摄短视频实现盈利一直是人们关注的热点。目前常见的短视频变现方式有很多，如在短视频平台开设店铺（如抖音小店），短视频的热度会为店铺带来流量。

另外，还可以借助短视频的热度进行直播带货。

垂直领域中的"短视频达人"很容易被品牌方关注到，"短视频达人"可以为产品拍摄宣传视频并获得收益。如果账号热度不足以被品牌方关注到，也可以主动承接平台任务（如抖音星图广告、官方推广任务等）。

4. 跨入影视、广告行业

短视频制作流程与影视行业的工作流程非常接近，借助短视频的拍摄与制作提高自身的能力、积累实战经验，在合适的时机转入影视制作、视频广告拍摄等领域也是不错的选择。

1.1.3　热门的短视频平台有哪些

当下短视频的应用场景主要包括短视频社交和短视频电商，如抖音、快手、微信视频号、小红书、淘宝、微博、知乎、哔哩哔哩等平台。不同平台视频内容的侧重点及视频时长都略有不同。例如，抖音、快手、微信视频号、小红书、淘宝平台的视频时长普遍较短，而微博、知乎、哔哩哔哩等平台的视频时长稍长。

1.1.4　短视频怎么拍

认识了什么是短视频，接下来需要了解短视频从无到有的整个过程，也就是短视频制作的基本流程。短视频制作流程可以分为策划阶段、拍摄阶段、剪辑编辑和上传视频 4 个步骤。

策划阶段 → 拍摄阶段 → 剪辑编辑 → 上传视频

1. 策划阶段

拍摄之前首先要拟定拍摄方向、确定拍摄主题；主题确定后开始构思具体的内容情节；接下来需要将拍摄流程及细节步骤落实到拍摄脚本中，如每个镜头的拍摄地点、拍摄景别、拍摄角度、画面描述、对白、配音内容、字幕、音乐音效、时长，以及筹备拍摄过程中需要用到的设备、场地、演员、服装、化妆、道具等。

2. 拍摄阶段

布置拍摄场地及现场灯光，安排演员化妆、做造型。按照事先制定好的脚本，逐一拍摄每个镜头。拍摄过程中可能会遇到各种不可控因素，要做好备用计划。同时要注意拍摄过程中设备的稳定性。

3. 剪辑编辑

拍摄完毕后需要对大量的视频片段进行筛选，选出可用片段导入到视频编辑软件中进行剪辑、组合、调色、人物美化、动画、转场、特效、配音、配乐、字幕等方面的编辑操作。完成后导出为完整视频。

4. 上传视频

视频制作完成后就要投放到各个渠道的平台上，需要注意的是，作品的标题、文案、话题甚至是位置定位等信息都会影响到短视频的热度，可参考当下的热门视频排行榜。

这些步骤根据视频内容的差异，操作难度可大可小。甚至有些步骤可以省略，但仍然建议新手朋友养成"制订拍摄计划"的好习惯，虽然前期准备可能比较烦琐，但会大大减少在后续工作中出错的可能性，从而提高工作效率。

1.1.5　组建自己的拍摄团队

了解了短视频的拍摄流程，也就大致掌握了整个短视频制作过程中所需要的"工种"。如果组建专业的短视频拍摄团队，可以参考正规的影视制作团队。

最基本的团队成员应包括把控短视频整体方向的编导、视频拍摄人员、视频后期编辑人员、演员以及负责短视频运营的人员。如果预算允许，编剧、导演分工更佳。当然，很多短视频新手也会选择一人独揽全部工作，对个人能力的提升将有很大帮助。

1.2　短视频拍摄内容

除去拍摄技术方面的问题，"拍什么"可能是经常会困扰到短视频新手的问题了。如果拍摄短视频只是想记录自己的生活，拍摄自己喜欢的内容就可以了。而如果是以拍摄出热门、爆火视频为目的，那么就要明确自身的优势、了解时下流行的短视频类型、把握平台对哪些类型的视频有流量扶持，然后再进行有针对性的创作。

1.2.1　个人短视频拍摄内容

一个人，不是企业、商家，没有特定的拍摄目标，不知该拍什么选题，怎么办？可以从自身擅长的领域开始挖掘，寻找自身的优势，分析是否可将这部分优势应用到短视频创作中。

自身优势	对应类型	短视频方案
有才艺/技能	才艺展示	才艺成果的展示，如诱人美食、精致妆容、歌舞、手工艺品等
	知识分享、技能教学	技能操作的展示，如化妆教学、游戏攻略、舞蹈教学、唱歌技巧等
表达能力强	口播、访谈、测评	如资讯播报、时事评论、故事段子、街头采访、产品解说、好物测评等
独特的生活环境/方式	生活短视频	独特的生活方式会引起观者的兴趣，此类生活记录类短视频通常时长稍长，突出日常感以增强亲和力，使用第一视角增加代入感，如记录野外生活、减肥生活、工作日常、养宠趣事等
有表演天赋	剧情类短视频	有较好的镜头感及表演天赋则可以尝试情景短剧的形式，如创意搞笑类短剧。此类短视频可单独成片，也可组成系列视频。除剧情类短视频以外，很多类型的内容都可以编排故事情节，如美食类、日常类、知识类、旅行类、探店类、情感类等。通过剧情引入主题，使视频更具代入感
剪辑技术娴熟	剪辑类短视频	即使不想以拍摄为主，也可以通过对网络上的视频、图片、音频进行拆分、重组，并加入解说、评论等元素制作短视频。此类视频要注意所使用素材的版权问题

1.2.2　企业短视频怎么拍

以上的内容针对没有"目标"的短视频新手，而作为企业、商家，如果已有明确的促销目的，那么短视频的内容就要有一定的针对性了。一旦有了明确的变现目标后，短视频的内容就可以围绕产品本身以及产品对应的消费群体两个方面展开。

针对产品本身介绍的短视频相当于"硬广告"，主要介绍产品的外观、特性、使用方法、

用户体验等。以短视频的形式呈现产品的优势虽然能够直观地吸引目标消费者，但这类广告视频的出现可能会使人感到"生硬"，不利于潜在用户的挖掘以及用户黏度的产生。

另外，可以围绕目标消费群体开展系列视频的创作，如母婴产品厂商，其目标消费群体主要为年轻的母亲。通过将此类群体的关注点与产品所在领域交叉，育儿知识以及儿童教育方面的内容是首选，选题甚至可以扩展延伸至产后恢复、家庭关系等方面。以这些内容吸引目标群体的关注度，同时适当引入产品并在评论区引导购买。

当然，也可以逆向思考，如果我们不是商家，也可以先选定一个品类。可将全部同类产品都当作自己的产品，围绕产品的使用、测评制作视频。积累了足够的热度与关注度后，可以选择评价较好的商品，与厂商沟通并建立进一步的合作关系，从而达到变现的目的。

知己知彼，百战不殆。明确了大方向后，也需要了解同类视频的情况。能够吸引观者的短视频至少要具备以下三个特点中的一个：趣味、实用、共鸣。在短视频平台上搜索相关视频，找到同领域中对标的账号，分析同类视频中热门视频的特点，归纳出观者普遍喜欢、认可的视频特点，从而取长补短，发挥自身优势。

1.2.3 剧情类短视频怎么拍

剧情类短视频与一般的电影、电视剧不同，不一定需要完备的演职人员和极大的投入，只要计划合理，甚至只需要1~2人就可以完成剧情类短视频的制作。

1. 一人多角

一个人饰演多个角色，常用于搞笑类剧情。通过化妆、着装等突出形象的差异化，通过肢体表演、表情、口音塑造多个不同性格的角色。一人多角，强烈的反差感更容易引人发笑。

2. 多人情景剧

多人情景剧是最常见的拍摄方式，也更接近电影、电视剧的拍摄与制作手法，难度相对大一些。场景、服装、化妆、道具、脚本、台词、走位、拍摄等工作都需要提前策划周全，适合多人团队。

3. 第二人称视角

拍摄者作为参演人员之一，但无须出镜。以第二人称的视角去拍摄主角，拍摄者可与主角互动，推动剧情发展。这种视角更有代入感。

4. 连续短剧

剧情类短视频不仅适合独立出现，也适合以多集连续短剧的方式，形成连贯的故事，类似微型的电视剧，如办公室趣事、旅行趣事、相亲趣事等，连续短剧更容易获得较强的用户黏度。

1.2.4 拍什么会火？搜索"创作灵感"

如果想知道拍什么视频能"上热门"，可以在抖音中搜索"创作灵感"，随即可以看到大量热门短视频类目以及优秀的短视频作品。

选择一个自己喜欢的类型，如"沉浸式做饭视频"，此时会显示搜索热度、相关视频、相关用户、相关话题。可以通过对比数据选择热门的拍摄形式，或者观看用户拍摄的热门视频学习经验。

1.2.5 不知道怎么拍？下载"巨量创意"

巨量创意是一个独立的 App，可在抖音中搜索"巨量创意"并下载安装，也可在应用商店中下载安装。打开后点击"找灵感"按钮，随后就能够看到大量的优秀热门短视频可供学习、借鉴。

巨量创意

不仅可以寻找灵感，通过巨量创意 App 还可以直接套用优秀的模板，快速制作出"合格"的短视频。点击界面底部的"创作"按钮，选择合适的类别，选择任意一款模板。随后点击"立即使用"按钮，接着根据步骤的指导即可制作出类似的短视频。

也可以点击界面底部的"创作"按钮，然后点击右上角的"智能模板"按钮，按照要求选择 3 个以上的视频或照片，并点击"匹配特效"按钮，即可自动匹配一个视频模板。如果不满意，还可以在下方切换其他的模板。

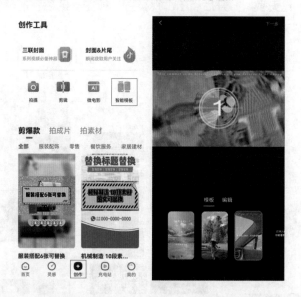

1.2.6 本节任务

分析个人优势，结合抖音"创作灵感"功能以及"巨量创意"App，寻找 1~2个适合自己的短视频赛道。

1.3 短视频拍摄常用设备

短视频的拍摄规模可大可小，从一个人的口播类短视频到与电影相似的剧情类短视频，简单来说，所要用到的就是拍摄设备、拍摄场地、道具、模特及服装与化妆品这几大类。

1.3.1 手机拍摄或相机拍摄

随着手机视频拍摄功能的日益强大，拍摄视频便不再只是摄像机或相机的专利。越来越多的人们会使用手机轻松拍摄一段视频，当然也有更多专业的视频拍摄团队会使用相机来拍摄短视频。那么，究竟该如何选择呢？下面就从几个不同的角度来了解两者的优缺点。

	手　机	相　机
操作难度对比	操作几乎无难度	操作难度稍大
功能对比	• 使用前置摄像头拍摄可实时观看效果 • 可启用美颜功能拍摄 • 可配合 App 功能拍摄特殊效果的视频 • 光圈、快门速度、感光度、白平衡等专业拍摄参数基本不可调整 • 视频分辨率、帧率受限	• 光圈、快门速度、感光度、白平衡等参数可控 • 不同拍摄参数搭配可适应更多的拍摄场景，如弱光、偏色环境等 • 可拍摄 4K 等高分辨率视频 • 可拍摄高帧率视频
便携度对比	非常便携	• 单反相机略显笨重 • 微单相机体积稍小，重量稍轻 • 需要避免镜头磕碰
成像质量对比	• 画质低于相机 • 画质受手机价位影响较大 • 通常后置摄像头优于前置摄像头 • 大部分手机在弱光下画质受损严重	• 成像质量好 • 细节丰富 • 色彩还原度高 • 视频具有较强的可编辑空间
综合对比	投入低、上手快，适合短视频新手及业余爱好者	• 投入稍高、需要一定的学习成本。熟练掌握后上升空间大，可延伸至商业广告、微电影等领域 • 微单相机在价格与重量方面都要优于相机，在画质方面则优于手机。对于新手朋友来说也是不错的选择

1.3.2　拍得稳才是硬道理

　　设备稳定对于短视频的效果有较大的影响，如果想要在拍摄时机位不动，可伸缩的便携三脚架是必备用品。如果使用比较重的相机拍摄，那么就要选择质量好一些的三脚架；如果需要在行走时手持拍摄则需要稳定器（也被称为手持云台），其可以保证运动画面的稳定性。

1.3.3　提升画面效果的"神器"——补光灯

　　光线对视频画面质量有着非常大的影响，无论在室内拍摄，还是在户外拍摄，经常会遇到光线不理想的情况，这就需要准备补光设备。如果是在室内拍摄，灯光的可选性就比较大了，不仅可以使用环形美颜灯、带有柔光罩的专业影视灯，甚至还可以根据需要使用台灯、落地灯等。

　　如果是在户外拍摄，那么就需要考虑怎么做才是最方便的。可以使用便携式充电 LED 补光灯，这类灯具比较轻便小巧，大多可调亮度及颜色，可以随意摆放，样式也比较多。除此之外，还有可以接在手机或相机上针对面部的小型补光灯，移动自拍时使用起来非常方便（具体关于灯光的使用将在后面章节中进行介绍）。

1.3.4　不可忽视的收音设备

短视频是画面与声音的综合展示，仅有画面美是不够的，声音的好坏也会在很大程度上影响视频的观感。除去后期配音以及添加背景音乐、音效等操作外，前期录制过程中的收音也是非常重要的环节。下面介绍几种常见的短视频收音方式。

1. 手机 / 相机内置收音

安静的室内环境下，手机 / 相机近距离靠近音源时，可以得到基本清晰的声音。如果拍摄距离稍远，也可以单独用另一个手机当作"录音机"靠近音源，录制音频后通过剪辑软件合成到视频中。

录制单人出镜的短视频时，也可以将带有麦克风功能的有线耳机插到手机上，收音距离更近，位置也更灵活。

但如果在户外等嘈杂环境下，或者人物与拍摄设备距离较远时，仅靠手机 / 相机的内置收音功能，往往会出现杂音多、音量小、得不到清晰的人声的情况。此时就需要单独准备收音设备。

2. 枪型麦克风

枪型麦克风灵敏度高、指向性强，适合正对麦克风录制，其他方向的声音不被收入。枪型麦克风可通过热靴接入相机，适合相对安静的拍摄环境，如采访、访谈类短视频，再如穿搭、美妆、拆箱等沉浸式短视频。另外，枪型麦克风也可作为剧情类短视频现场收音的设备使用。但要注意枪型麦克风收音范围有限，应避免距离音源太远的收音情况。

3. 领夹麦

由于枪型麦克风需要连接在拍摄设备上，所以会有一定的距离上的限制，而无线的领夹式麦克风（也常被称为领夹麦、小蜜蜂）可固定在被拍摄者身上。由于距离音源近，且不受距离和角度的限制，即使在嘈杂的环境中也可以得到比较清晰干净的声音。领夹麦适合用于探店类、旅行类、知识类等 1~2 人出镜且需要大量说话的短视频拍摄中。

4. 大振膜麦克风

大振膜麦克风适合在唱歌类短视频、直播、专业配音等对音质要求比较高的情况下使用。由于其灵敏度高，所以对收音环境要求也比较高，适合在安静的室内或专业录音棚中使用，不适合在房间回音大、噪声大的情况下使用。大振膜麦克风需要连接电脑录制音频，然后通过剪辑软件与视频进行对轨操作。

5. 动圈麦克风

相对于大振膜麦克风，动圈麦克风的优点在于对环境噪声的要求更低，但音质方面要弱于大振膜麦克风。

想要得到更好的收音效果，要注意以下两点：

（1）在环境可控的情况下，尽量选择安静、封闭的空间，避免噪声干扰。

（2）麦克风要尽量靠近音源（人或发声体），但也不要太近，避免出现"音爆"。枪型麦克风距离嘴部50cm 左右；领夹麦克风距离嘴部 10~20cm 即可；大振膜麦克风距离嘴部 50cm 之内基本可以达到不错的效果，如果想要得到更加饱满的声音，则可以将其适当靠近嘴部。

1.3.5 记不住台词怎么办？用提词器

在录制个人口播、访谈类需要大量讲解内容的短视频或直播带货时，最困扰创作者的问题之一就是"背词"。如何一镜到底地拍摄出语言表达流畅的视频呢？"提词器"可以完美地解决这一难题。只需要将台词提前在手机或平板电脑中编辑好，放在提词器中即可。

如果不想花钱购买提词器，还可以使用剪映App 中的"提词器"功能。打开剪映 App，点击"提词器"按钮。输入台词内容，点击"去拍摄"按钮。进入拍摄界面后点击◎按钮，可设置文字滚动速度、字体大小等。点击下方的拍摄按钮，即可开始拍摄。

1.3.6 合适的室内拍摄场地

除了人物之外，拍摄环境在很大程度上能够决定视频画面是否"高级"。那么如何选择拍摄场地呢？对于专业的拍摄团队而言，想要快速拍摄出高质量的视频，专业的影视拍摄基地是个不错的选择。影视拍摄基地通常有多种常用的拍摄场景，如办公室、咖啡厅、卧室、客厅、厨房等。而且部分影视拍摄基地还提供服装、化妆、道具、灯光等"一站式"相关服务，但价格不低，通常按小时计费。

对于短视频新手来说，并不一定要支出这笔费用，可以先从"免费"的拍摄场地开始。拍摄场地要根据短视频的内容而定，如剧情类短视频必然要根据剧本情节选择场地，探店、旅行类短视频的拍摄场地也要有明确的目标。

除此之外，美妆、时尚、生活、搞笑、测评、知识等只需要一人出镜说说话、动动手的短视频，拍摄场地的选择就比较自由了。那么如何花更少的钱，得到更适合的场景呢？

首先从免费的场景开始。家是很多短视频新手的首选拍摄场地，虽然可能存在空间不够大、杂乱等问题，但在家中录制的优点在于有很强的自主性，可以方便地调整与布置，也可以避免外人打扰。如果在家中录制短视频，要注意以下几点：

（1）关闭门窗，检查会发出声音的电器，避免噪声干扰。

（2）寻找一处背景相对整洁的区域。

（3）如果实在无法避免杂乱的环境，可以购买一块背景布。

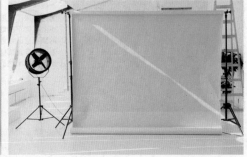

（4）寻找一处墙角，拍摄设备、人物与墙角形成一条直线，画面空间感更强。

（5）布置远景（背景、货架、绿植等）、中景（人物）、近景（台式计算机、书籍、小装饰等），增强画面空间感。

（6）可使用高大的盆栽遮挡远处杂物。

（7）尽量避免人物紧贴墙壁 / 背景布，否则画面缺少空间感。

（8）人物亮、背景暗也可减少杂乱背景对画面的影响。

（9）可利用灯光为背景环境增添层次感。

（10）使用相机拍摄时可设置大光圈，虚化背景。

（11）场景的布置要先设定风格（如怀旧风、动漫风、古风），然后按照风格添加相关元素（如复古海报、模型手办、木窗纸伞）。

1.3.7　户外拍摄也不错

环境优美的自然环境也是个不错的选择，在自然环境中拍摄视频更有亲和力，也可使观者感到放松、舒适。如果需要外出拍摄，要注意以下几点：

（1）注意周围的人声、音乐声和车声的干扰。

（2）避免过多的行人入镜。

（3）注意光线，避免强光、阳光直射。

（4）可适当使用运动镜头，如在行走中拍摄，避免视觉枯燥感。

1.3.8　好用的短视频拍摄与制作 App

如果想要拍摄高清视频，可使用原相机的后置摄像头进行拍摄，美颜、调色等操作可以留到视频编辑阶段进行处理。

通常原相机的功能性稍弱，大多只能够进行对焦、曝光的调整，而第三方的专业视频拍摄App（如 FilMic Pro、Protake）则能进行更多设置，如变焦以及调整视频宽高比、存储画质、帧速率、快门速度、感光度、白平衡等一系列参数，基本接近相机拍摄视频的可控性。

FilMic Pro

Protake

剪映

美颜相机

B612咔叽

除了专业性较强的视频拍摄 App 外，还有一些使用难度较低的 App，如剪映、美颜相机、B612 咔叽等，可以轻松地在拍摄过程中使用美颜、调色以及贴纸、特效等功能。拍摄美食类短视频时使用 Foodie 美食相机可以轻松得到色泽诱人的美食画面。这类 App 虽然简单好用，但得到的视频清晰度可能略有欠缺，可酌情使用。

拍摄好多段视频素材后，就需要借助视频编辑软件进行剪辑、拼接、调色、美化、特效、配乐等一系列的编辑操作，最后导出为完整的短视频作品。国内外的视频编辑软件有很多种，专业性比较强的有 Adobe Premiere、Final Cut 等电脑端软件，这些软件的功能非常强大，常用于专业的影视制作工作中。但对电脑配置要求比较高，操作难度相对较大。

Adobe Premiere

Final Cut

对于短视频新手来说，简单好用才是最主要的。"剪映"就是个很不错的选择，界面友好、功能实用、操作简单，可以完成短视频编辑的全部流程。另外，其既可以在手机上使用，又可以在电脑上使用，非常方便。

剪映

剪映（手机端）　　　　　　　剪映专业版（电脑端）

1.3.9 本节任务

根据要拍摄的短视频类型，从身边的环境中分别选出室内、室外两处可供使用的拍摄场地，并尝试拍摄一段视频。

1.4 不可不知的短视频专业术语

短视频拍摄虽然目前看起来是一件平常而普遍的事情，但其实它脱胎于影视拍摄与制作工作，所以经常会涉及大量的专业知识与专业术语。听不懂专业术语会给学习带来不便。本节将用通俗易懂的文字带领短视频新手快速认识它们，重要的知识将在后面的章节中详细讲解。

1.4.1 时长、画面比例、分辨率

时长是指视频的长度，如 1 小时、1 分钟、30 秒。

画面比例是指宽度与高度的比值，如常见的 16 ：9、4 ：3、2.35 ：1 等，短视频通常使用 16 ：9（横幅）、9 ：16（竖幅）的比例。

视频的分辨率是指在横向和纵向上分别有多少个像素（每个像素是一个小方块）。例如，分辨率为 1920 像素 ×1080 像素，就是横向上有 1920 个像素，纵向上有 1080 个像素。短视频常用的分辨率为 1080P（P 表示纵向上有多少个像素）。

常见的视频分辨率如下：

（1）720P：1280 像素 ×720 像素。

（2）1080P：1920 像素 ×1080 像素。

（3）2K：2560 像素 ×1440 像素。

（4）4K：3840 像素 ×2160 像素。

1.4.2 对焦、变焦

"对焦"是指相机通过改变物距和相距的位置，使主体物获得清晰成像的过程。简单来说，将镜头对准需要清晰展现的主体物，这个过程就是对焦。

对焦正确是拍摄视频的第一要务。目前大部分手机带有自动对焦功能，会自动识别画面中的人或物作为对焦点，但有时手机自动选取的对焦点未必准确。所以拍摄时尽量在屏幕中通过点击确定对焦点，然后点击快门按钮拍摄。在同一画面中，对焦点不同，清晰的区域也会不同，表达的内容也会有很大的区别。例如，对焦远处时，近处模糊；对焦近处时，远处模糊。

对焦点在主体物上　　　　　　　　　　对焦点在远处风景上

当拍摄机位不动时，通过调整变焦倍数可以改变画面取景范围。使用手机拍摄视频时通常可以进行变焦，而使用单反相机拍摄时则需要配有变焦镜头才可以实现变焦。

以手机拍摄为例，默认 1 倍变焦的情况下，距离远的对象在画面中的显示比例自然会很小，而增大变焦倍数后，远景就会被拉近很多。在拍摄界面中如果看到 1x、3x 等带有 x 的按钮，即表示当前的变焦倍数为 1 倍或 3 倍，可以在此处调整变焦倍数，也可以通过两个手指在屏幕中做扩张手势进行变焦。

1 倍变焦　　　　　　　　　　　　　3 倍变焦

5 倍变焦　　　　　　　　　　　　　10 倍变焦

1.4.3 光圈、景深

光圈原本是镜头中的部件，在短视频拍摄中只需要记住：光圈数字越小，光圈越大，画面越亮，背景虚化程度越大。例如，F/1.4 是大光圈，背景更模糊；而 F/16 是小光圈，背景更清晰。

F/1.4   F/5.6   F/16

对某一景物对焦，该物清晰，而距离该物有一定距离的对象会产生模糊效果。焦点清晰的这段，从前到后的距离就叫作景深。被模糊的对象范围及程度受光圈大小影响。（使用相机拍摄视频时可以设置，多数使用手机拍摄视频时无法设置。）

1.4.4 曝光、白平衡

曝光用于衡量画面的明暗。曝光过度是指画面过亮，曝光不足是指画面偏暗。

曝光不足   曝光正常   曝光过度

白平衡用于控制画面颜色倾向。在不同的光源下拍摄出的画面有时会出现偏色的情况。例如，在白炽灯下拍摄的画面经常会偏黄，而在荧光灯的房间内拍摄的画面可能会偏冷。摄影中的白平衡功能就是通过使用颜色互补的原理，达到在不同光源条件下准确还原物体原本颜色的目的。使用相机拍摄视频可以进行白平衡的设置，常见的白平衡类型有自动白平衡、阴天、荧光灯、白炽灯、日光等。（使用相机拍摄视频时可以设置，多数使用手机拍摄视频时无法设置。）

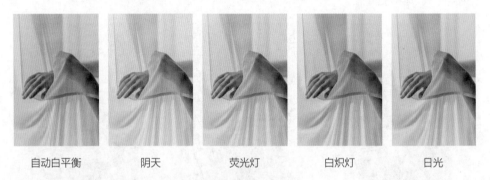

| 自动白平衡 | 阴天 | 荧光灯 | 白炽灯 | 日光 |

1.4.5 快门速度

快门速度用于控制曝光时间，也就是拍摄设备传感器接收光线的时长。其一方面用于控制画面明亮程度，另一方面用于控制是否能定格画面中运动的物体。快门速度越慢，曝光时间越长，接收光线越多，画面越亮；快门速度越快，画面越暗，但是越能定格运动物体的清晰形态。

例如，当快门速度为1/4000s时，拍摄旋转的风扇，得到的是静止的效果。而如果快门速度比较慢（如1/50s），拍摄旋转的风扇，则会得到带有运动模糊的效果。

快门速度比较快的时候容易得到清晰的图像，而在速度比较慢且手持不稳的情况下，非常容易出现晃动模糊的问题。（使用相机拍摄视频时可以设置，多数使用手机拍摄视频时无法设置。）

| 1/50s | 1/500s | 1/4000s |

1.4.6　景别

景别是指主体物在画面中所呈现出的范围大小的区别，可分为远景、全景、中景、近景、特写。

| 远景 | 全景 | 中景 | 近景 | 特写 |

1.4.7　帧、帧率

动态的视频是由大量连续的静态画面快速播放形成的，每一个静态的画面就是一帧。如果1秒有25帧，那么每一帧持续的时长就是1/25秒。

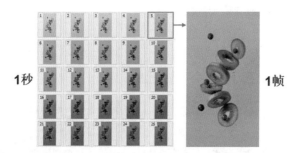

帧率是指每秒帧的数量，帧率越高，视频播放起来会越流畅。例如，每秒有60帧，那么帧率就是60fps，这也是短视频常用的帧率。帧率要适度，过高的帧率对设备的要求也会很高。

1.4.8　升格、降格

正常的拍摄速度为每秒24帧，也就是24fps。如果高于这个数值就是升格，如120fps或240fps等高帧拍摄都是升格，升格常用于拍摄慢动作；如果低于24fps则为降格，常用于拍摄快动作，如花朵的快速盛开。

1.4.9　码率

码率是指单位时间传送的数据位数。码率越高，画面越清晰，视频体积越大。

但码率超过一定数值，对画面质量的提升并没有多大帮助，而且有可能会在上传过程中被视频平台压缩。

1.4.10　格式

视频的格式类别非常多，其中 .mp4 格式最为常用。既便于导入到剪映等剪辑软件中进行编辑，又方便上传到视频平台。

1.4.11　布光

布光是指为营造亮度适宜的拍摄环境而进行的灯光布置。

1.4.12　脚本

脚本是短视频拍摄的"框架"，其中通常包括每个镜头的景别、画面内容、台词、时长、机位、运镜、道具、背景音乐、音效等内容。

1.4.13　剪辑、蒙太奇、转场

剪辑是将拍摄的视频片段、静态图像、声音、文字等素材，经过筛选、分解、拼接等操作，最终形成完整影片的过程。

蒙太奇是 Montage 的音译，意为"剪接"，是指将不同镜头拼接在一起，从而使视频形成镜头单独存在时不具有的含义。例如，前一个镜头是男人的背影，随后的画面是玫瑰花落在地上，可以表现情感上的失落。

转场是指两个不同内容的镜头之间的衔接，既可以将两个镜头自然地过渡连接，也可以通过视频编辑软件在画面之间添加淡入、淡出、叠画、入画、出画等转场效果。

1.4.14　定格

定格是指动态视频中静止的一个画面，常用于重点突出某个细节或剧情结束时。可借助剪映 App 等视频编辑软件制作。

1.4.15　轨道

轨道是指在剪辑软件中用于放置视频、音频等素材的区域。多数视频编辑软件允许多轨道编辑。例如，多个视频轨道可以方便地制作多画面重叠效果，多个音频轨道可以得到人声与背景音乐共存的效果。

1.4.16　BGM、音效

BGM 是 background music 的缩写，即视频的背景音乐。在短视频制作中，音效通常是指用于烘托气氛的声音，如笑声、掌声等，使用剪映 App 可便捷地添加多种音效。

读书笔记

第 2 章

短视频拍摄基础

■ 本章要点

　　新手朋友是不是经常会有这样的困惑：明明定好了拍摄主题，却不知道每个镜头都要拍什么？明明设备齐全，却不知道该把手机摆到哪里去拍？是不是也会有这样的疑问：同样是拍视频，为什么别人的画面看起来画面清晰、主题明确，而自己的视频却给人一种找不到重点的感觉？其实这些问题都是因为不懂得拍摄方面的知识，从而无法控制画面的拍摄效果。本章将介绍一些在短视频拍摄中常用到的基础知识。

2.1　写好脚本才能拍好视频

　　绝大多数短视频都是由多个镜头构成的，而每个镜头拍什么？怎么拍？拍多久？这些内容都需要在拍摄之前落实到"脚本"中。脚本可以理解为短视频拍摄的"框架"，详尽的脚本可以帮助创作者更加高效地进行短视频的拍摄和制作。

　　短视频的时长可能仅有几十秒到几分钟，但想要打造出能够吸引人看完整并且广为传播的作品，每个镜头都要经过精心设计。根据短视频内容的不同，其脚本所包含的内容也不相同。

2.1.1　口播、测评、知识类短视频脚本怎么写

　　非剧情类短视频（如口播类短视频、测评类短视频、知识/技能分享类短视频）通常不需要复杂的拍摄场地，也不需要制定分镜头脚本，只需要在脚本中列出要进行的任务、时长、台词、镜头方式和时长即可。

摄影灯开箱短视频			
任务	时长	镜头方式	台词
接收快递	10 秒	全景	最近看到大家都在测评某品牌的摄影灯，据说可以把人照得非常美。今天我们来看一下这款灯具究竟是不是像传说中那么神奇
拆封产品	5 秒	近景	产品的包装还是蛮不错的，防摔措施很完善，灯具没有受到一点磕碰
外观展示	20 秒	特写	哇，传说中的变美神器！灯具外观设计简洁大方，做工非常精致。质感极好，很有分量。尤其是遥控器，拿在手里也不容易掉落，手感非常好。配件很齐全，不需要单独购买其他配件，很贴心的安排
使用展示	25 秒	近景	下面就让我们来感受下这款"神灯"究竟好不好用。插上电源，接上配件，摆好位置，开灯。哇！照度非常充足，色温也正常，面对灯时也不觉得刺眼。下面我们试拍一下，看看效果。柔和的灯光均匀地打在脸上，就像磨皮了一样。堪称完美
经验分享	10 秒	近景	总体来说，这款灯具无论从外观、性能还是便携程度方面来讲，都比较适合。而且价格亲民，强烈推荐给大家
结束语	5 秒	近景	好物推荐，天天都见。我是某某某，欢迎点赞转发，下期再见

2.1.2 旅行、探店、采访类短视频脚本怎么写

对于一些拍摄内容并不能精准预测的短视频（如探店类短视频、街头采访类短视频、旅行类短视频），其脚本可根据主题对拍摄内容以及拍摄情境进行预估，提取拍摄要点，确定拍摄的场地以及主要的拍摄环节，并从相关文字信息中提取解说或旁白信息。

景区旅行短视频				
序号	环节	场地	内容	解说/旁白
1	去程	车上	引入主题	介绍景区交通方式及周边住宿攻略
2	抵达景区	景区入口	介绍景区	介绍景区历史、文化
3	欣赏风光	湖边	拍摄景区美景	介绍自然风光，推荐适合拍美照打卡的角度
4	景区游玩	游乐场	拍摄体验游乐场项目	介绍游乐场项目类别、体验感及评价
5	景区美食	美食街	拍摄网红美食店试吃	介绍店铺信息及美食
6	景区购物	特产店	拍摄特产店购物	介绍特色产品
7	返程	车上	总结景区游玩经验、展示此行拍摄照片	推荐景区必玩项目、必看美景、必买好物、必尝美食

2.1.3 剧情类短视频脚本怎么写

由于剧情类短视频中的每个镜头涉及的要素较多，所以需要应用到分镜头脚本。分镜头脚本中需要包括每个镜头的镜号、景别、运镜方式、拍摄地点、画面内容、台词对白、所需道具、背景音乐、音效、时长等内容。

剧情类短视频分镜头脚本									
镜号	景别	运镜	地点	画面内容	台词对白	道具	音乐	音效	时长
1	中景	摇镜头	卧室窗前	镜头扫过家居环境，固定至窗前。角色A背对镜头，抬手上窗户，转身向右侧走去，出画			伤感钢琴曲	窗外鸟鸣以及人声、关窗声、走步声	2秒
2	近景	固定	卧室衣柜	女子手伸向衣柜，犹豫间，从中挑选了一套白色套装			同上	手与服装摩擦的声音	3秒

续表

镜号	景别	运镜	地点	画面内容	台词对白	道具	音乐	音效	时长
				剧情类短视频分镜头脚本					
3	近景	固定	卧室衣柜	换上白衣的女子从衣袋里拿出某物，皱眉			同上	手与服装摩擦的声音	1 秒
4	特写	固定	卧室衣柜	拉开抽屉，放进去			同上	拉开抽屉声、关闭抽屉声	1 秒
5	全景	跟镜头	门口	背对镜头走向门口，开门，出去			同上	走路声音、开锁声	2 秒
6	中景	固定	另一卧室	另一间卧室门口，背对镜头，角色 B 被门框遮住半个身子，望向出门的 A			同上	关门声	1 秒

2.1.4　轻松写脚本：海螺剧本编辑器

在抖音的"创作者服务"平台中可以通过搜索找到"海螺剧本编辑器"，这个工具可以帮助创作者更加轻松便捷地编写视频脚本。首先登录抖音网页版，在右上角单击"创作者服务"按钮，然后单击"服务市场"按钮，搜索"海螺剧本编辑器"。该工具目前可以免费试用，单击"立即体验"按钮进行试用。

随后即可打开海螺剧本编辑器的工作页面，这里包括了多种常用的工具，不仅可以方便地编辑短视频脚本，而且可以帮助创作者检测作品中的违禁内容。

2.1.5　跟着剪映内置脚本拍摄

剪映 App 为创作者提供了可直接"套用"的创作脚本。只需按照脚本提示逐一拍摄或添加相应的片段即可快速制作出结构比较合理的短视频。

打开剪映 App，点击"创作脚本"按钮，然后可以看到多种类型的短视频脚本，选择一个脚本后，点击"去使用这个脚本"按钮；接下来按照提示输入标题、拍摄素材、输入台词；完成后点击"导入剪辑"按钮即可进行进一步编辑。

2.1.6　本节任务

按照个人的短视频赛道选定某一主题，并编写短视频拍摄脚本。例如，以"宅家的一天"为主题，编写短视频拍摄脚本。

2.2　正确使用拍摄器材

工欲善其事，必先利其器。拍摄视频看似非常简单，但真正想要拍摄出优秀的视频，前期的准备工作一定要做好。无论是拍摄需要使用的设备、灯光、场地等硬件设置，还是分辨率、帧率、对焦、曝光等参数设置，都会影响到最终的成片效果。

2.2.1　做好拍摄前的准备工作

无论是外出拍摄还是在家中拍摄，拍摄之前的准备工作一定要做好。不仅要制定详尽的拍摄脚本，同时也要做好拍摄场地、拍摄设备等方面的准备。

外出拍摄要考虑到天气情况，避免恶劣天气。同时也要避免在阳光直射的情况下拍摄人物。如果要到陌生的场地拍摄，最好提前勘景，注意场地是否允许拍摄。要注意噪声的干扰。

拍摄场地	拍摄设备
◆ 提前勘景	◆ 正常使用
◆ 天气情况	◆ 设备齐全
◆ 噪声干扰	◆ 电量充足
◆ 行人入画	◆ 存储空间
	◆ 镜头清洁

如果在家中拍摄，最好关闭门窗、关闭会发出声音的电器（如洗衣机、吸油烟机等）。麦克风要远离风扇或空调的出风口。如果在户外拍摄，要注意周围是否有音乐、车声、人声等声音的干扰。

外出拍摄前，检查设备是否可以正常使用。检查拍摄设备、收音设备、便携式LED灯的电量，避免因电量不足打乱拍摄计划，可配备备用机、备用电源。确认拍摄设备的存储空间是否充足，可准备备用的存储卡。检查三脚架、收音设备、反光板、灯架等辅助设备是否齐全。

开拍之前要使用软布擦拭镜头，避免因镜头脏污而影响画面质量。

拍摄正式内容前可拍摄测试视频。

2.2.2 拍摄前的设置：分辨率、帧率

使用手机拍摄短视频的方式很简单，启动手机的拍照功能，切换到"录像"模式，尽量使用后置摄像头录制视频，画面质量通常比前置摄像头要好一些。尽量不要在拍摄中启用"美颜"模式，以免影响画质。可在视频拍摄完成后，在剪映App等视频编辑软件中美颜。然后进入相机的"设置"页面。设置视频分辨率为1080p，画面比例为16：9，视频帧率为60fps。这几项参数是目前主流短视频平台中较为通用的设置方式。

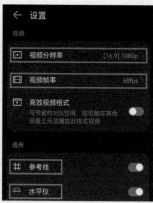

帧率越大，画面越流畅，视频文件也就越大。如果想要使视频所占的内存更小，则可以在帧率上进行适当调整，如拍摄相对静止的画面时可将帧率调整为30fps。

通常不建议拍摄4K短视频，在手机上观看效果区别不大，但会占用大量内存，而且上传平台后会被压缩，容易出现画质损失。（如果使用苹果手机拍摄短视频，且需要在电脑上编辑，则需要在手机中点击"设置→相机→格式→兼容性最佳"。）

如果有"参考线"功能以及"水平仪"功能，可以启用。"参考线"为横竖两条线条，分别将画面的横向与竖向分割为三个部分，而线条的交叉点也就是三分法构图方式中画面的"兴趣点"所在的位置。"水平仪"功能可方便地帮助用户检测手机镜头是

否水平放置，以免画面倾斜。

地平线水平

地平线倾斜

2.2.3　使用手机拍摄视频

按下拍摄按钮之前，首先要确定画面的"对焦点"。在屏幕中点击，确定画面焦点位置。点击的位置会保持清晰，而距离此处较远的内容则有可能虚化。

对焦点在近处

对焦点在远处

大多数手机会根据焦点位置的明暗程度进行测光，而这种测光方式很容易出现画面明暗不适合的情况。如果画面焦点比较暗，那么以该点测光，画面就容易出现曝光的情况；如果焦点本身就比较亮，那么以该点测光，画面就容易出现偏暗的情况。

以暗处为焦点

以亮处为焦点

正常的明暗

因此，通常可以在设定对焦点后，手动调整曝光强度，在对焦点附近会有曝光度调节的滑块，根据实际情况拖动滑块调整画面明暗即可（部分手机可能没有该功能）。

在开始拍摄之前可以设置变焦倍数，在拍摄过程中也可以调整变焦倍数以实现推镜头的效果。

拍摄之前调整变焦倍数　　　　　　　　拍摄过程中调整变焦倍数

设置完毕后点击屏幕底部的拍摄按钮即可开始拍摄，完成拍摄后可以点击停止拍摄按钮。随后相册中就会出现新拍摄的视频片段。可将视频片段导入到手机的视频编辑 App 中进行进一步编辑，也可以将视频导入到电脑中进行编辑。

开始拍摄

停止拍摄　　暂停拍摄

2.2.4 本节任务

设置正确的短视频拍摄参数，拍摄任意一段视频。

2.3 拍摄景别

"景别"是摄影及摄像中会经常提到的关键词，其主要是指人物在画面中所呈现出的范围大小的区别。景别通常可以分为"远、全、中、近、特"五类。画面中的主体物/人物距离镜头越近，画面中的元素就会越少，观者与画面的情感交流也就越强，越容易打动观者；相反，画面中的人物越小，会给人以距离感，而远距离的人和人之间的情感影响就会少一些。

2.3.1 远景

远景分为大远景和远景两大类，通常作为短视频的起始镜头、结束镜头，也可作为过渡镜头。

大远景通常用于拍摄广阔的自然风光，如星空、大海、草原、森林、沙漠、群山等。

而远景则是稍近一些的场景，可以看到人物形态，如人流涌动的街道、田园牧场等开阔的场景。

2.3.2 全景

全景包含完整人物 / 主体物以及所处环境。由于全景画面具有明确的内容中心，所以常用于交代情节发生的环境以及渲染烘托某种气氛。

2.3.3 中景

中景为场景中的局部内容，或人物膝部以上的画面。中景镜头中场景的展现不会占有太大的比重，主要用于故事情节与人物动作的展现。

2.3.4　近景

　　近景是指包含人物胸部以上或主体物部分区域的画面。近景镜头的空间范围比较小，主要用于表现人物神态、情绪、性格。随着拍摄距离的拉近，观者与画面中的角色之间的心理距离也会缩小，更容易将观者代入剧情。

2.3.5　特写

　　特写镜头是指展现人物身体的局部或主体物的某个细节。例如，展现人物面部的细节、部分肢体、产品细节的质地等。可强烈地展现某种情感，清晰地展现产品的材质，也常用于美妆类视频细节的展示。

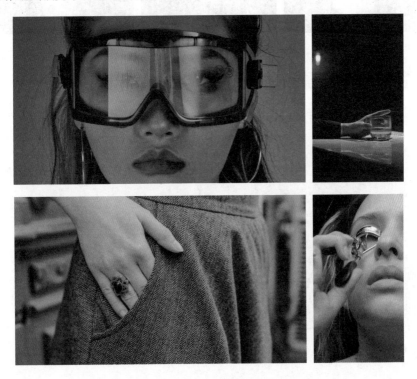

2.3.6　本节任务

尝试使用不同的景别拍摄正在对话的两个人。

2.4　拍摄视角

拍摄视角是指相机相对于被摄物体的相对角度，常见的拍摄视角有平视、俯视、仰视。

平视　　　　　　　　　　俯视　　　　　　　　　　仰视

2.4.1　平视

平视是给人感觉最自然的视角，能够更准确地还原被摄物体的形态及比例。

2.4.2 俯视

俯视会使人物看起来更矮，完全俯视会使物体看起来扁平，拍摄静物、美食以及航拍建筑时比较常用。

2.4.3 仰视

仰视会使被摄物体看起来更加高大，拍摄人物或建筑时比较常用。

2.4.4 本节任务

尝试使用不同的拍摄视角拍摄某个带有一定高度的商品，如书、饮料、手办、化妆品、风扇等。

2.5　拍摄不同类型的镜头

想要完整地讲述一个故事，不同的镜头不仅要在拍摄内容上有所区别，也要在镜头的"动"与"定"上作出合适的选择。无论画面中的内容是否移动，摄像机固定在某处，拍摄出的画面则是固定镜头；在拍摄过程中，摄像机发生移动，拍摄出的镜头则是运动镜头。

2.5.1　固定镜头

固定镜头是指摄像机、镜头焦距均不动拍摄出的镜头，固定镜头拍摄出的并不一定是静止的画面，因为此时的被拍摄对象可以是静止的，也可以是移动的。固定镜头是新手朋友拍摄短视频中最常使用的镜头方式，如口播类短视频、访谈类短视频、美妆类短视频、美食制作类短视频、手工类短视频等。

除去固定镜头简单易拍的特点外，固定镜头还有很多值得运用的特点与优势。由于其画面视点固定不变的特性，符合人们日常注视或仔细观察时的视觉习惯。所以固定镜头可以起到表现环境以及人物关系的作用，还可以突出细节及人物表情，甚至展现人物内心感受，也可以客观地记录和表现被拍摄对象的运动轨迹。

2.5.2　运动镜头

运动镜头是通过拍摄设备不同的运动方式，使画面呈现出不同的动态感。与固定镜头相比，运动镜头更有张力。即使拍摄的内容静止，也能够通过镜头的运动使画面更具冲击力。常见的运动镜头有推、拉、摇、移、跟、甩、升、降。

1. 推镜

推镜是指向前推进拍摄设备，或者通过变焦的方式放大画面某处。推镜可以排除部分画面信息，从而更好地强化核心内容的展示效果。例如，从较大的场景逐渐推近，使观者的视线聚集在人物处。

2. 拉镜

　　拉镜与推镜正好相反，是指摄像机从画面某处细节逐渐向远处移动，或者通过变焦的方式扩大画面展示范围。拉镜通常用于环境的交代以及开阔场景的展示，也可起到情绪渲染与主题升华的作用。例如，从公路上行驶的汽车向远处拉镜头，直至画面中出现公路两侧的岩石与海面。随着逐渐变得渺小的汽车，自然力量的宏大之感逐渐呈现。

3. 摇镜

　　摇镜是指拍摄机位不同，设备以某一点为轴心，向上下或左右摇动拍摄。摇镜也是新手朋友最常用的一种拍摄方式，常用于拍摄宽、广、深、远的场景中。例如，在拍摄原野时，静态的镜头很可能无法完全展现场景的开阔，就可以采用横向摇镜的方式拍摄。也可用于拍摄运动的人或物，如奔跑的动物、嬉闹的孩童。同样也适用于表现两个人或物之间的关联。

4. 移镜

　　移镜是指将摄像机在水平方向上按照一定的运动轨迹移动拍摄。可以手持拍摄设备，也可以将拍摄设备放置在移动的运载工具上。移镜不仅可以使更多场景入画，还可以营造出带有流动感的视觉效果，使观者产生更强的代入感。

5. 跟镜

　　跟镜是指拍摄设备跟随被拍摄对象保持相应的运动轨迹进行拍摄。跟镜中的主体物相对稳定，而背景环境一直处于变化状态。跟镜有跟摇、跟移、跟推三种方式。跟镜可以产生流畅连贯的视觉效果。例如，跟随主体人物去往某处，常用于旅行类短视频和探店类短视频中。

6. 甩镜

甩镜是指在镜头中前一画面结束后不停止拍摄，而是快速地将镜头甩到另一个方向，使画面中的内容快速转变为另一内容。这种镜头运动方式与人突然转头时产生的视觉感受非常接近，常用于表现空间的转换，或是同一时间内另一空间的情景。

 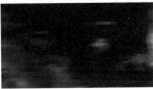 

7. 升镜

升镜是指拍摄设备从平摄缓慢升高，如果配合拉镜形成俯拍视角，可以显示广阔的空间，以实现情绪升华的效果，常用于剧情的结尾处。

8. 降镜

降镜与升镜相反，是指拍摄设备下降拍摄。可从大场景向下降镜拍摄，实现从场景到事件或人物的转换，常用于剧情的起始处。

2.5.3　故事中的留白——空镜头

就像一幅画中要有留白一样，短视频也要给观者保留一些可呼吸的空间。空镜头是指画面中没有出现人的镜头，与常规的镜头互相补充出现。空镜头主要用于交代时间、地点，还可起到推进情节、抒发情绪、渲染氛围、表达观点的作用。空镜头既可以拍景，也可以拍物。拍景通常使用全景或远景；拍物则多采用近景或特写。

2.5.4 双人镜头怎么拍

以两人对话为主的短视频中，镜头如果一直保持不变，难免会使人感觉枯燥。为了缓解镜头单一的问题，可以适当地切换拍摄角度，同时也能更好地突出画面重点。下面列举一些常见的两人对话镜头的拍摄方式。

两人对话时，拍摄设备位于两人连线中点的一侧向前拍摄，可拍摄到两人同时出现的画面，同时能够展示环境。

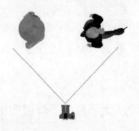 

一侧人物说话时，从另一侧人物斜后方拍摄过肩镜头，也就是外反拍角度。画面中包含重点表现的人物的正面与另一人物的背影。既交代了二人的相对位置，也能够看清楚人物面部表情。

　　拍摄设备位于两人连线中点的一侧，并转向一侧人物拍摄，也就是内反拍角度。画面中只有一个人，视觉效果更加突出。

　　拍摄设备位于两人连线中点，转向一侧人物拍摄，人物面向镜头，形成主观视角。这种角度适合表现人物的情绪及内心世界，非常具有感染力。

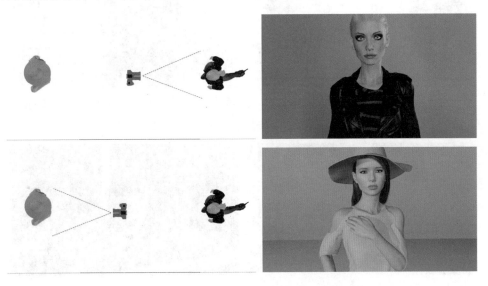

剧情类短视频中经常需要两人出镜，两人的相对位置、对话内容、动作神态都是诠释剧情的重要因素。例如，当两人处于平等地位时，两人的高度应接近。而想要表现两人地位不对等的剧情，则可以在两人的所处高度上作适当的调整。

人与人之间的心理距离可以直观地反映在物理距离上，表现关系亲密的两个人时，两者距离可拉近；而拍摄两个关系不和的人时，则可远离。

画面中的虚实可用于表述画面中的重点。例如，当两人对话时，可将焦点聚焦在正在说话的人身上。

除此之外，拍摄机位的布置也是重要的一环。首先要考虑到的是拍摄景别，不同的景别所产生的视觉效果不相同。双人全景镜头不仅可以清晰地展现人物的体态样貌，还可以交代人物所处的环境，能够使观者对剧情发生的场景一目了然。

双人中景镜头的取景范围通常会覆盖腰部或膝盖以上，这个范围可以满足绝大多数的叙事要求，也是比较常用的景别。中景镜头会将画面范围缩小，两人的距离也会拉近。例如，沙发上的两个人、牵手的情侣、驾车的司机与副驾驶的乘客等。

近景所体现出的距离是非常小的，通常适合拍摄关系非常亲密的人，如家人、情侣、密友。同样也适用于拍摄对峙的双方，以增强冲突的戏剧性。

在双人近景镜头中，"过肩镜头"是一种非常常见的方式。镜头从一个人的肩侧拍摄到对面的人物。这种画面既交代了人物之间的相对位置，又使画面具有较强的空间感。观看这种画面也会使观者产生很强的临场感。

双人特写镜头要求两人距离非常近，所以常用于爱人或至亲之人之间的互动，如拥抱、亲吻。

2.5.5　本节任务

使用不同的镜头方式拍摄在公园中散步的人。

2.6　特殊的拍摄效果

为了使短视频更加吸引人，原本应用于电影、电视剧中的拍摄技法也越来越多地被应用于短视频中，本节来认识两种常见的特殊拍摄效果，即慢动作和快动作。

2.6.1　慢动作

影视作品中经常会见到这样的镜头：子弹缓缓飞过、苹果缓慢炸开、水滴缓慢坠落、人物缓慢倒下，等等。这些极具动感的场景如果在现实中发生，必然都是在极短时间内完成的，而且其中的过程几乎是无法看清楚的。但其实这样的"慢动作"效果可以借助高帧率拍摄，并通过视频编辑软件调整播放速度得到，也就是通常所说的"高帧慢放"或"慢动作升格"效果。

通常拍摄短视频时，帧率会设置为 60fps，也就是每秒拍摄 60 个连续的画面。而想要拍摄出流畅的慢动作效果，则可以将拍摄的帧率设置为 120fps 或 240fps。然后可以在剪映 App 中使用"变速"功能减小视频变速的倍数，使视频播放速度变慢，从而得到慢动作。例如，拍摄的视频帧率为 120fps，然后设置变速的倍数为 0.5x，这样经过变速的视频仍然是每秒 60 帧。

高帧慢放效果适用于表现动作连贯性的镜头中，而且要适度使用。因为这种拍摄方式需要在短时间内拍摄更多的画面，所以对设备及光线的要求相对高一些，在光线较差的环境中就可能无法保证画面质量。

2.6.2 快动作

与慢动作的高帧 + 慢放相反，想要得到"快动作"效果则需要低帧 + 快放，也就是降格，如常见的 10 秒花开、5 秒日落等效果。

想要得到降格镜头，其实并不一定要设置帧率，直接在视频编辑软件中设置更快的播放速度即可。

读书笔记

第 3 章

短视频构图

■ **本章要点**

　　很多人会说："拍视频太简单了，无非是拿出手机＋按下拍摄按钮。"但如此这般不经过"思考"的拍摄，得到的视频效果可能往往不尽如人意。那么拍摄短视频之前要"思考"什么呢？创意、构图、用光、人物、场景、道具等会影响视频效果的因素都需要用心考量。而在其中，"构图"对短视频画面效果的影响最直接。本章列举了多种常用的构图方式，当面对一个拍摄场景却不知所措时，可以尝试套用这些构图方式，这对于初学者而言，是最简单且有效地提升画面效果的方式之一。

3.1　为什么要学习构图

构图是指根据作品的主题思想，对画面元素进行组织排布的过程。无论是拍摄短视频、拍摄照片或是绘画都需要先考虑好构图，再开始拍摄或绘制。但很多时候，拍摄视频的场景可能并没有太多的选择，如果不经思考直接拍摄往往无法得到精彩的画面。

例如，需要在一个室内环境中拍摄以人物为主的镜头，如果随意选择一个场景，难免会由于环境中过多杂乱的元素而分散观者对于主体人物的注意力。可以尝试寻找一处靠近干净墙壁的区域。如果环境实在杂乱，还可以将镜头靠近人物，以使更少的环境元素入画。当然，环境也不要空无一物，搭配少许装饰元素点缀画面即可。

例如，想要拍摄一个小摆件，如果放在杂乱的办公桌上，画面看起来必然不美。而如果将桌上的其他物品拿走，在白色桌面的衬托下能够更好地展示主体物。所以，在拍摄之前就需要有意识地对画面的取景范围进行选择，或者进行一定程度上的"改造"。

场景确定后，接下来就可以启动拍摄设备，透过镜头来调整画面中出现的内容。在进行画面元素布置时，要尽可能地使画面简洁，以保证主体物突出、画面主次分明。

3.2　横屏拍摄还是竖屏拍摄

在拍摄视频之前，首先要考虑的就是画面的比例。例如，常见的是9∶16的竖屏和16∶9的横屏。除此之外，还有9∶16的横拍竖发，即将横屏的视频以竖屏的形式上传，上下空白区域可添加文字等信息。

竖屏　　　　　　　　　　横屏　　　　　　　　　横拍竖发

不同的平台对投放视频的要求各不相同，即使很多平台并不会对视频画面的比例作严格的要求，但在拍摄之前也要考虑到该平台的用户使用习惯。例如，就目前的趋势而言，抖音、快手、小红书等平台对视频画面比例虽然没有严格要求，但其中竖屏视频居多；而知乎、哔哩哔哩等平台则是横屏视频较多。下面以图表的形式对比两类画幅比例。

竖屏/横屏	时长差异	优　势	劣　势	适用主体
竖屏	适合时间稍短的视频	更符合手机用户的手持习惯；主体物更突出；观看视频更具代入感	视野范围较小	娱乐类、资讯类、个人生活展示类
横屏	适合时间稍长的视频	符合人类的视域范围；场景饱满，可容纳内容多；视觉效果更开阔	部分平台不支持，有时需要旋转屏幕	故事类、知识类、影视剪辑类

以上规律适用于一般情况，但实际拍摄过程中也要根据拍摄内容来定。当然，如果需要在多平台投放，可以尝试使用两台拍摄设备同时拍摄横屏视频与竖屏视频，以适应不同的使用情况。

3.3　超美的 12 种短视频构图方式

3.3.1　中心式构图

中心式构图是指将主体物放置在画面中心的构图方式。

（1）中心式构图方式直抒胸臆，可以将画面重点直观地展现给观者。

（2）中心式构图视觉聚集，效果直观，适合于单一人物的拍摄或静物的展示。

3.3.2　三分法构图

三分法构图，又称"井字构图""九宫格构图"，是指将画面横竖各画两条线，均分为水平、垂直各三部分，共 9 个方格。将需要重点表现的部分放置于交会点上，这 4 个点就是画面的"兴趣点"。

三分法构图可以说是新手进阶最实用的构图妙招，尝试将主体物摆放在某一"兴趣点"处，让画面不再呆板。

3.3.3　对称构图

对称构图是指画面的上下对称或左右对称。

（1）对称构图常给人平衡、稳定的感觉。

（2）对称构图的缺点在于如果运用不善可能会造成画面变化不足，略显单一的问题。

3.3.4　分割构图

分割构图将画面一分为二。常用于风景的拍摄中，也就是通常所说的"一半天、一半景"。

（1）分割构图方式画面相对简洁、直接，主题传达较为明确。

（2）分割构图与三分法构图相比画面层次较少。

3.3.5　倾斜构图

倾斜构图是指在画面中有明显的"斜线"将画面一分为二。构成斜线的内容可以是物体、人物、地平面，甚至是光影、色块。

（1）水平的画面常给人以稳定感，而倾斜构图恰恰相反，可营造出活力、节奏、韵律、动感等正面的氛围。

（2）倾斜构图也适合出现在展现危机、动荡、不安等负面情绪的画面中。所以，无论是在动态的视频中，还是在静态摄影中，倾斜构图都是一种常用于"讲故事""抒发情绪"的构图方式。

（3）拍摄时可以充分运用光影、色彩、场景元素摆放等各种方式设置倾斜构图。

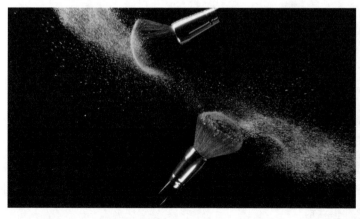

3.3.6　曲线构图

曲线构图是指画面存在明显曲线变化的构图方式，如弧线、S 形曲线、螺旋线等。曲线构图中各元素之间刚柔相济、流畅典雅，极具韵律美、节奏感。

该构图方式常用于表现蜿蜒河流、盘山公路、城市立交桥、弯曲街道等。

3.3.7 聚焦构图

聚焦构图是指四周景物形成的线条向同一聚集点聚集的构图方式。

聚焦构图方式能够引起强烈的视觉聚焦效果，所以可在聚焦点处设置特定元素以表达主题。

聚焦构图方式适合表现透视感强的空间。

3.3.8 框架式构图

框架式构图通过景物组成框架，把观者视线引向框架内，该构图方式使得画面中的景物层次丰富、空间感强。

（1）框架可以是任何形状，方形、圆形、不规则图形皆可。

（2）任何景物都可以组成框架，如树枝、窗户、门、墙、手等，甚至光影都可以作为框架。

3.3.9 留白式构图

留白式构图在画面中只保留较少的元素，且主体元素通常占画面比例较小。留白中的"白"不是指"白色"，而是指没有大变化的"空白"。

（1）留白式构图是一种去繁从简、以少胜多的构图方式，方寸之地亦显天地之宽。

（2）留白式构图会使人产生更多的想象空间与艺术美感。

3.3.10 垂直/水平构图

垂直/水平构图通过巧妙地排布画面元素，使画面存在垂直或水平分割画面的线条，从而将画面划分成多个区域。

（1）利用这种构图方式时应注意拍摄设备要端平，不要倾斜。

（2）每个区域的大小、疏密的变化，会影响画面韵律。

（3）垂直/水平构图适合拍摄飞泻的瀑布、繁茂的树林、耸立的高楼等。

3.3.11 三角形构图

三角形构图是指画面中一个呈三角形的视觉元素或多个视觉元素为三点连线形成一个三角形。三角形构图包括"正三角""倒三角"。

（1）"正三角"更稳定、更安静，常用于拍摄建筑、人等。

（2）"倒三角"更不稳定、更运动，常用于拍摄运动类短视频，如滑雪、滑板、舞蹈等。

3.3.12 黄金螺旋线构图

黄金螺旋线构图也称为"斐波那契螺旋线"构图，该曲线既像海螺壳的纹理，又像银河系的巨大旋涡。"黄金螺旋线"是极致中的极致，美中之美。要求拍摄作品的构图形态符合该螺旋线的形态，曲线逐渐向内旋转。

（1）曲线最内部的位置是画面中重点要表现的"兴趣点"。

（2）利用黄金螺旋线构图方式拍摄出的作品有更好的秩序美和节奏感，更柔美。

3.3.13　本节任务

尝试使用至少三种构图方式拍摄美食展示视频。

3.4　短视频的二次构图

虽然在拍摄视频之前就要想好每个镜头的构图方式，但在实际拍摄过程中也经常会有各种各样的原因导致画面构图不尽如人意的情况。遇到这种情况还可以尝试对视频画面进行缩放、移动、旋转等操作，以实现调整画面构图的目的。

例如下图，将人物放在画面中心拍摄，虽然重点比较明显，但画面不免平淡。

可以尝试通过在剪辑软件中对该镜头进行放大并移动，使得画面中的人物处于三分法构图的右下角交叉点上，使得左侧有更多"留白"，画面更具意境。

如果需要在画面中营造出运动感或者不安定情绪时，可以尝试将原本水平的画面旋转一定角度，形成倾斜构图。

但要注意的是，视频放大的比例不宜过大，否则可能会造成画面模糊。

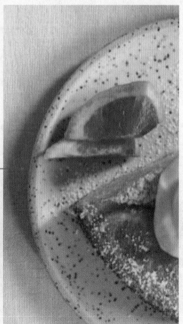

第 4 章
短视频中的"光"与"色"

■ **本章要点**

没有"光",世界就是一片黑暗,什么都看不见的漆黑一片也就无所谓美或丑。而"光"的存在仅仅是为了照亮世界,使万物可见吗?并不完全是。有了"光",固然可以使画面被记录下来,但对于短视频而言,"光"的存在更多是为了能更好地记录"美"。

4.1　短视频布光基础

对于拍摄短视频的新手来说，对光的初级要求可能集中于"足够照亮画面"。想要满足这个要求其实非常简单，大多数环境都可以。即使在夜晚，只要点亮天花板的灯，也可以照亮画面。但是，仅仅照亮了画面，照片就够"美"了吗？并不是！

例如，在打开吸顶灯的房间内，虽然拍摄画面足够明亮，但其效果与运用了专业布光方式得到的画面相比，后者不仅看起来更加美观，画面清晰度也更高。

自然光：人物靠近窗口一侧的亮，另一侧暗	室内光：头顶和鼻梁上有不自然的高光，面部不够亮	专业布光：光线均匀柔和，显色性好

而且，短视频中的光也不仅仅是用于基本的照亮画面，要知道不同的光，展示出的效果千差万别。例如，下面左图较亮的无色光能更好地表现人物的本来面貌；右图偏暗的彩色光则可以表现人物个性或传达某种情绪。

到这里，相信大家能够感受到"光"在视频拍摄中的重要性了。那么究竟如何使"光"能够为我所用呢？接下来就来了解一些"光"的基础知识。

4.1.1 光的类型

光主要分为自然光、人造光两种。自然光就是阳光、月光、极光，甚至是萤火虫的光芒；而人造光主要是灯光、烛光等可以通过人为营造的光。室外拍摄大多数要选择合适的自然光，而室内拍摄更多是布置合适的光环境。

不同的拍摄场景所需的光照也不相同。例如，在户外拍摄短视频时，白天时自然光占主导。

一天之内，从清晨到正午，从黄昏到夜晚，天空的光会发生巨大变化，把握好每天各个时间段的自然光效果，往往可以得到非常不错的画面。

夜晚的户外拍摄则更多需要依赖人造光。可以借助环境中的灯光，为了避免拍摄场景中已有的光照条件不充足的情况，大多数时候需要额外配置光照设备。

4.1.2 光的方向

无论是自然光，还是人造光，光线的效果都会受到光照射方向的影响。根据光照射主体物的方向，可以将光分为顺光、逆光、侧光、顶光、底光等，不同方向的光所产生的视觉效果以及视觉感受都是不同的。

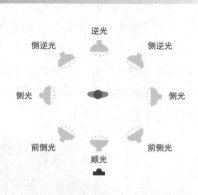

在实际的布光中，以上不同方向的光大多是协同使用的。不同方向的光不仅可以通过摄影灯得到，也可以来自自然界，还可以通过反射得到，如使用反光板来补光。

下面来熟悉一下来自不同方向的光的效果。

不同方向的光	光位图	展示效果
顺光 ●简介：灯光位于被拍摄者前方，也就是通常所说的正面光。该方式受光均匀、阴影较柔和、色彩饱和。明暗反差较小、立体感较差 ●用途：适合拍摄女性、美妆类视频，皮肤会显得光滑细腻	拍摄设备	
侧光 ●简介：灯光位于被拍摄者侧面，人物的明暗反差、立体感很强 ●用途：单独使用于人物的拍摄中可营造强烈的戏剧感，适用于讲述故事、渲染情绪；也可用于拍摄商品，强化外形的立体感	拍摄设备	
前侧光 ●简介：灯光位于被拍摄者前方斜45°的位置，既可使人物面部具有立体感，又不会造成"阴阳脸" ●用途：适合拍摄绝大多数场景中的人物	拍摄设备	

续表

不同方向的光	光位图	展示效果
逆光 ●简介：灯光位于被拍摄者后方。可以清晰地拍出人物的轮廓 ●用途：单独使用可以得到"剪影"、轮廓光等的特殊效果。通常在多灯布光中用于照亮主体物的边缘		
侧逆光 ●简介：灯光位于被拍摄者斜后方 45°，可增强人物立体感 ●用途：通常在多灯布光中用于拉开主体物与背景之间的层次		
顶光 ●简介：灯光位于被拍摄者顶部，使人物头发、额头、颧骨上方、鼻子上方很亮，而眼窝内、脸颊两侧、鼻下、脖颈处很暗。最常见的顶光为天花板处的灯以及晴天正午 12 点的日光 ●用途：可在多灯布光中用于照亮人物头顶		
底光 ●简介：灯光自下而上照射被拍摄者 ●用途：单独使用在人物的布光中，常用于营造出恐怖、阴险、诡异的人物形象；也可用于人物全身出镜的场景中，对下半身进行补光		

4.1.3　软光与硬光

通常所说的"软光"与"硬光"其实就是"光质"。

软光是指散射光，如阴天的户外，阳光透过云层后照度降低，同时也柔和很多。

被照射的物体不会出现明显而生硬的阴影，明暗相对均衡，没有明确的受光面或背光面。因为软光更柔和，所以非常适合拍摄人物。如果在阴天拍摄风景，很可能无法得到清晰明丽的画面。

硬光是指直射光，如晴天正午的阳光，被照射的物体受光面很亮，背光面则很暗，阴影明显且边缘清晰。这种光线更能够突出景物的细节，通常用于拍摄自然风光、建筑。如果拍摄人物可能会在人物面部留下非常生硬的阴影。

软光：明暗反差弱，画面柔和，细节不突出。适合拍摄人物　　硬光：明暗反差更强，细节更突出。适合拍摄需要突出细节感的产品

掌握光的软硬，可以确定在什么时间、什么光下拍摄对应的场景。例如，在上午 10 点之前和下午 3 点到 5 点的时间段内拍摄人像，这个时间段的阳光不会直射，拍出的人像更柔美。在中午阳光很充足时，拍摄自然风光、城市建筑，强烈的光照会使画面细节突出、颜色鲜艳。强烈的光影对比会更突显建筑的立体感。

软光拍人像　　　　　　　　　　　　　　硬光拍风光

4.1.4　光的"温度"——色温

"色温"是摄影中常见的专业术语，是表示光源光色的尺度，单位为 K（开尔文），也是我们用于计量光的冷暖感受的方式。色温超过 5000K 时光色偏蓝，为冷光。色温在 3000K 以下时，光色偏红，为暖光。简单来说，光的"温度"是指光的色彩倾向给人带来的冷暖的心理感受。倾向于红色、橙色、黄色的光给人的感觉更温暖，称之为暖光；而倾向于青色、蓝色的光给人的感觉更清冷，称之为冷光。

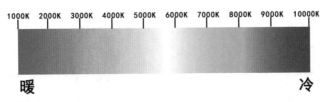

夕阳余晖、烛光、昏黄的路灯都是常见的暖光。暖光照射的画面通常给人以温暖、舒适、美味之感，适合拍摄美食、儿童以及表现温馨情感的画面。

办公室的荧光灯则是典型的冷光，冷光照射的画面更适合表现干净、理性、冷酷之感。适合拍摄科技、商务或者某些包含负面情绪的视频。

4.1.5 本节任务

关闭其他灯光，仅运用一盏摄影灯或台灯，在相同的场景下，以不同的照射方向拍摄同一人，并从中寻找最合适的灯光角度。

4.2 短视频布光技巧

了解了光的基础知识后，接下来要进入"实战"阶段。在实际的视频拍摄过程中，经常会因为拍摄环境的不同，而需要采取不同的布光手段。下面就来了解一下常见的短视频布光技巧。

4.2.1 不花钱的室内用光第一招

对于短视频拍摄新手来说，在家拍摄短视频可以说是一种既方便又省钱的选择。白天的时候，如果自然光较好，可以选择靠近窗边的位置。天气晴朗时，朝南的房间上午 8 点到 10 点，下午 4 点到 6 点间光线充足且柔和，是不错的选择。人物面向窗口，可以轻松得到白皙、柔和、自然的肤色，非常适合拍摄美妆、时尚、穿搭等类型的短视频。

需要注意的是，阳光并不是越亮越好。正午时分的光线可能非常耀眼，此时拍摄的画面可能会出现对比过于强烈的曝光面和暗面，视觉效果不佳。如果一定要在此时拍摄短视频，可拉上薄薄的白色纱帘，以得到柔和的光线。

对于新手朋友来说，如果不想花钱购买专业的摄影灯，最好不要直接使用天花板处的灯光，从头顶照射下来的灯光无法充分照亮人物面部，而且会在脸上留下难看的阴影。而可移动的灯具则可以根据人或主体物的位置进行调整。

可以先在家里找找是否有合适的灯光，如台灯、落地灯等。使用此类家用灯拍摄视频之前要注意光源颜色，黄色的光源会使画面产生非常强烈的偏色感，因此可以更换照度充足、无频闪的白色光源。

另外，可以找一块较大的白色板作为反光板。如果想要得到不同颜色的灯光，可以尝试找到带有颜色的玻璃杯、饮料瓶或塑料袋，使灯光透过有色透明塑料向外照射。但要注意，塑料易燃，不要直接放在发热的光源上。另外，手电筒、手机闪光灯有时也是不错的道具，要善加利用。

4.2.2 简单 + 实用：一盏灯也能创造"美人光"

在拍摄女性上半身出镜的视频时（如美妆视频），人物的面部需要得到充分且柔和的光照，避免面部出现大面积过暗的阴影。

对于新手朋友来说，灯光设备的购买与使用可能都存在一定的障碍。实际上，想要实现"合格"的光照，并不一定需要很多灯光，可以先从一盏灯开始，比如一盏环形的"美颜灯"，或者一盏带有柔光罩的专业影视灯。

将灯光放置在人物的正前方，拍摄角度与光线方向一致时人物面部更柔和。也可以尝试将灯光位置适当调高，向下照射人像，会增强人物面部的立体感，形成"蝴蝶光"。

4.2.3 三点布光，拍出高清视频

在室内空间拍摄时，自然光可在一定程度上发挥作用。但自然光的使用充满了不确定性，如果拍摄系列短视频很难保证光照效果一致。也可能出现因拍摄时段或天气情况不佳，无法获得合适的自然光，而影响拍摄计划的情况。所以在室内空间拍摄时，更多时候需要依赖人造光。

人造光的可控性更强，可根据拍摄场景及需求的不同，配置或简单或复杂的光照系统。下面介绍一种简单的布光思路：三点布光。这种布光方式适合 1~2 人在家里或是面积较小的简单室内空间录制，如知识类、测评类、情感类视频或直播。

1. 主光

在人物一侧 45°斜上方布置主光源。具体位于人物的哪一侧，取决于更想展示哪一侧的脸。为了避免其他光线的干扰，可关闭房间的照明灯并拉上窗帘。

2. 辅助光

有了主光后，人物一侧被照亮，但是另外一侧会偏暗，脸部可能会出现明显的阴影。所以需要在主光对侧的位置添加辅助光，以照亮暗面。如果另一侧偏暗严重，可以使用第二盏摄影灯，亮度可适当低于主灯。

如果偏暗问题不严重，可以使用反光板，在暗面反射主灯的光线，以起到补光的作用。反光板是个方便且划算的工具，不仅可以在室内拍摄时使用，在室外拍摄时也经常需要。反光板的尺寸有大有小，如果需要人物全身出镜，则需要购买大一些的反光板。如果家里有任何白色的板子，也可以临时充当反光板。

3. 轮廓光

此时的人物已经被照亮了，如果人物与背景之间还存在一定的模糊不清的情况，就需要用到第三盏灯。在人物的斜后方，添加一盏射向人物背面的灯光。这盏灯可以使人物边缘变亮，从而有效地将人物从背景中分离出来。

4.2.4 居家室内小空间如何拍得漂亮

录制口播类视频时，环境大多并不复杂，画面展示的重点与观者的关注点基本都集中在人物身上。所以在光线的控制上以及环境的布置上都应注意人物与环境的对比，使人物更好地从环境中突显出来。

例如，在同一个环境中，如果背景的亮度高于人物，那么观者的视觉重心不易集中在人物上。而一旦弱化环境的照明，使环境暗下去，那么人物会更加突出。

如果用于人物照明的灯光影响到了环境，而使环境变亮，则可以尝试在灯光上添加格栅，使光线聚焦到人物上。当然也可以尝试使用物品遮挡灯光的方向，如使用纸板遮挡等。

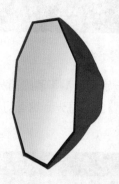

无格栅　　　　　　　　　　　　　　　有格栅

除了灯光，人物的服装甚至是发色都应与环境有一定的差异。如果人物的服装与环境颜色过于接近，就容易出现画面对比不明显的情况。而人物与背景的颜色反差大一些，画面会看起来更明确。

另外，对于细节处的补光，如通过顶光照亮头发，避免与深色背景混淆，可以设置轮廓光使人物与环境产生反差等。

4.2.5 室内绿幕抠像布光

常规的室内环境可能无法满足视频内容的要求，而如果使用抠像技术去除原有背景并更换新背景，则可以实现非常丰富的画面效果。绿幕拍摄不仅适用于短视频中的更换背景，同样适用于直播带货中的更换背景。

虽然剪映 App 等剪辑软件能够对非绿幕背景的视频进行智能抠像，但如果想要追求自然真实的抠像效果，绿幕拍摄是不二之选。其实方法很简单，首先准备绿色的背景纸或绿色布，尽可能地铺平，不要有褶皱。人物与背景之间最好保留两米左右的距离，以免背景绿色影响人物颜色。人物尽量不要穿着或者佩戴绿色或者接近绿色的服装或配饰。

关闭室内其他灯光，准备两盏照度充足、配有柔光罩的灯光。其中一盏灯照射背景布，要保证光线柔和，注意背景布上的明暗对比不要太大；另一盏灯可从另一侧距离人物 1 米左右的位置，斜 45° 照射人物。

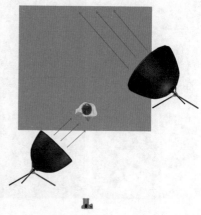

4.2.6 站姿全景直播带货布光

通过前面的学习，近景坐姿视频/直播布光的问题已经解决了。但是以上方法并不适用于场景稍大一些的全身站姿的短视频或直播带货场景。站姿人物的全景画面中，场景所占的比例较大，所以灯光的布置不仅要将人物照亮，更要将场景以及产品照亮。

随着场景的面积以及格局的变化，要使用的灯光数量也并不是固定的，下面介绍一种比较基础的全景布光方式。当前的场景比较简单，画面主体为人物，在人物身后两米处使用背景布，有简单的家具。

1. 主光

首先在人物一侧斜 45° 的位置布置一盏从斜上方照射人物的主光，照亮人物。此处使用一盏装配有深口抛物线柔光箱的影视灯，光线柔和、均匀，人物明暗过渡比较自然。

2. 辅助光

在主光的对应位置布置一盏辅助光，高度低于主光源，亮度稍低于主光，照亮人物的暗面。此处使用装配有球形柔光灯笼的影视灯，可以轻松得到发散式的柔光，比较适合直播间使用。

3. 下半身补光

全身出镜时最常见的问题是人物上半身够亮，而下半身偏暗。在正前方布置低位灯光，照亮人物下半身，同时弱化人物身上的阴影。

4. 背景光

　　人物部分的光照基本充足，接下来需要进行背景的布光。直播间背景中经常会出现用于销售的商品，商品也需要充足的光照。可在人物侧后方添加一盏灯光，在照亮背景的同时也为人物添加轮廓光，使人物可以与环境分离开。

　　继续在另外一侧添加背景光。

为产品拍摄短视频时，不仅要考虑产品本身的形状与质地，更要考虑拍摄环境。不同的产品，以及不同的拍摄方式，其布光与拍摄的方式也不相同。按照产品表面材质的区别，可以将产品大致分为吸光体、反光体和透明体三类。下面介绍几种常见的产品短视频布光方式。

1. 吸光体产品的布光

吸光体是指产品表面基本不具有反光或透明的属性，如皮毛、棉麻、铸铁、粗陶、橡胶质感的产品为全吸光体，表面不会产生反光。而有些食品，如面包、饼干、蔬菜、皮质箱包等为半吸光体。这类产品可以使用带有柔光配件的灯光作为主光，通常以侧光、侧逆光作为主光，从一侧照射而来的光线会使被拍摄物体的结构更加立体、细节更加明晰。如果背光处过暗，可以添加辅助光或使用反光板。

2. 反光体产品的布光

反光体产品是指表面比较光滑，带有一定反光的产品，如墨镜、手表、珠宝、数码产品、餐具、不透明的化妆品等。此类产品反光能力强，能够在表面反射环境信息，所以对拍摄环境的要求比较高。适用于采用大面积的柔和光源。布置光源时要注意灯光的位置，以使产品表面产生合适的光斑。

反光体产品的布光要根据产品的形态和摆放方式而定。例如，接近圆柱体形状的产品，如化妆品、饮料等，将产品直立，可以在产品左右两侧分别布置斜侧光。为了得到细长的高光，可以使用方形柔光箱。

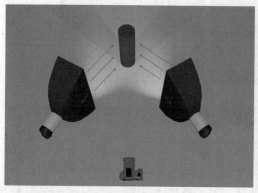

如果产品平放在桌面上，如手机、手表、刀叉等。可以将带有柔光箱的灯放置在产品顶部，可适当将其倾斜照射产品，产品表面将会产生均匀柔和的光照，并且会在转角处产生漂亮的反光。

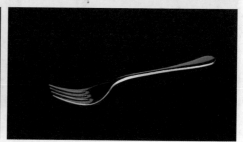

3. 透明体产品的布光

具有透明或半透明属性的产品，如饮料、酒、玻璃制品等。此类产品适合使用逆光或侧逆光，可以使产品产生强烈的通透感。如果拍摄半透明的产品，仅有逆光可能无法充分照明，就需要在正面或前侧方适当补光。另外，如果产品还具有一定的反光属性，前方的灯光还会使产品表面产生漂亮的反光。

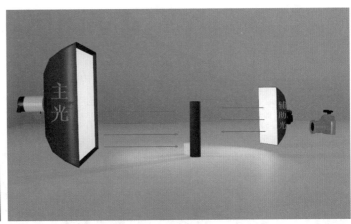

4.2.8　寻找另类光源

拍摄小物件时，除了使用摄影灯，还可以借助一些同样可以"发光"的物体，如平板电脑、笔记本电脑屏幕等。例如，在笔记本电脑中打开一张炫彩的图片，把戒指放在电脑前方，使用"大光圈"模式，对焦在戒指上，可以得到戒指清晰、背景模糊的效果，而且戒指表面还会被屏幕的光照亮，并且会反射图片上的信息，非常漂亮。电脑屏幕起到了发射灯光、炫彩背景、丰富反射信息的作用。

4.2.9　美食短视频布光

美食类短视频的形式多种多样，美食制作、美食展示、美食测评、美食探店等都是常见的题材。如果需要以人物为主进行视频拍摄，布光方式可以参考前面小节的内容；如果视频画面以食物为主，就需要采用与人像布光不同的方式了。事实上，美食视频的布光方式并没有绝对的对与错。在面对不同质地的食物或者想要表达不同的情感时，采取的布光方式可能有所不同。以美食为主的画面大致可以分为两类：美食展示、美食制作过程。这两类画面的布光方式略有差异。接下来介绍几种常规、好用的布光方式。

如果有不错的自然光，可以考虑在窗边拍摄，清晨柔和的光线可以得到清新、自然的感觉；而正午强烈的光线会留下清晰的阴影，可用于表达情绪或态度。

美食展示的场景通常不大，关闭室内其他灯光，准备一盏装有柔光箱与格栅的灯。采用侧逆光能够更好地展现食物的形状、质感及色彩。将灯光从斜上方照射向食物，如果食物背光一面有明显暗面，可在灯光对侧使用反光板弱化阴影。

美食制作过程的画面中，经常会出现人物的手，所以此时的布光要注意避免手产生的阴影。可以采用前侧光，以斜45°向下照射。

4.2.10 适合户外拍摄的自然光

在户外拍摄视频时，天气情况对于视频的效果影响非常大。所以，拍摄外景之前，首先要看光线是否适合当前的拍摄主题。

如果想要拍摄以建筑、自然风光为主的视频，通常，晴天就很适合蓝天白云、青山绿水、建筑街景的展现，此时的画面细节清晰、色感通透。

而多云的阴天，则适合具有氛围感的风景视频。除此之外，不要忘了雨、雪、雷、电等特殊天气也是拍出有趣画面的好时机，但是要保证安全第一。

虽然艳阳高照的大晴天适合拍摄风光视频，但对拍人就很不友好了。强烈直射的阳光会使人脸上出现明显的受光面及背光面。光线越充足，明暗对比就会越强烈，所以通常不建议拍摄正午阳光直射的人像。

而且晴天正午的阳光属于典型的顶光，如果此时拍摄人像，眼窝、鼻子下方、脖子上会出现非常暗且生硬的阴影，不是很美观，所以通常不建议此时重点表现人物面部。如果一定要在正午拍摄人物，可以寻找阴影处，如树荫下。

拍摄人物视频首选多云天气，虽然没有蓝天白云带来的色彩感及通透感，但此时阳光经过云层的散射，会变为非常柔和的光线，无论在户外什么角度拍摄人物，几乎都不会出错。

而晴天的上午 10 点之前、下午 3 点到 5 点之间的阳光照射角度比较低，也可以得到比较柔和的光影。

夕阳与"逆光"拍摄一直都是黄金搭档，无论是拍摄自然风光，还是拍摄人物，控制好画面明暗都很容易得到漂亮的剪影效果。

4.2.11　户外拍摄视频如何补光

在户外拍摄视频时，即使是白天拍摄，也经常会遇到各种原因造成的光照不佳的情况。例如下面的情况，因为更换了取景位置，自然光甚至无法将人物面部照亮。

自然光充足

自然光不佳

遇到这种情况，随身携带一盏便携式充电 LED 补光灯就是个不错的选择。这种灯轻便易携带，朝向人物进行照射，可以轻松得到清晰的人物。而且此类灯大多还具有变换颜色的功能，还可用于营造不同氛围的光环境。

　　如果在户外场景中，人物身后的背景颜色比较深，而人物的头发与服装也是深色，则容易出现人物与环境模糊不清的情况。此时可以使用一盏强光灯，从人物侧后方照过来，侧逆光会为人物勾勒出一圈轮廓光，使人物与背景分离开。

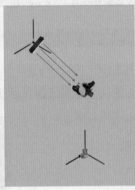

4.2.12　用"光"塑造氛围感

1. 光与影结合塑造氛围感

　　光和影从不是孤立存在的，有光的地方就会有"影"，"影"的存在一方面可以对比出光的明亮，另一方面也可以强化物体的立体感，所以拍摄之前要充分考虑拍摄光线和阴影的关系。除此之外，"影"还可以作为渲染气氛的"道具"。

2. 光与雾结合塑造氛围感

千万不要错过有雾的天气，即使是很普通的场景也会在雾气中呈现出独特的氛围。光线在雾气的散射下，往往会变得非常柔和，如果在树林中，还会出现神秘唯美的丁达尔效应。

尘土飞扬的环境也具有相同的效果。另外，有色灯光在有烟雾的环境中，往往会呈现出较强的层次感，更适合渲染气氛。

特殊的天气或环境可能不容易找到，但"烟饼"可是很容易买到的摄影道具。烟饼价格低廉，使用方便，在照片拍摄以及影视拍摄中都很常用。不仅可以用于在环境中制造氛围感，而且可以作为画面的重要元素出现。相同的场景，加上了烟雾元素的烘托，便呈现出了神秘之感。

4.2.13 本节任务

尝试在家中运用已有灯具（家用灯、摄影灯均可）及道具（反光板、柔光屏等）布置一个合适的短视频拍摄环境。

4.3 短视频中的色彩运用

画面美不美，色彩起到了非常大的作用。合理地安排视频中出现的色彩，不仅可以使画面看起来更美观，也能够有效地辅助短视频主题的表达以及情感的传递。所以，在拍摄短视频之前要对画面的色彩进行一定的"规划"，不仅要考虑到场景中出现的色彩，人物及服装的色彩甚至灯光的颜色都需要纳入色彩的考虑范围。当然，在视频拍摄完成后，还可以通过剪辑软件为视频调色。

4.3.1 认识色彩

在视觉的世界里，"色彩"被分为两类：无彩色和有彩色。无彩色为黑、白、灰；有彩色则是除黑、白、灰以外的其他颜色，如红色、绿色、蓝色等。

每种有彩色都有三大属性：色相、明度、纯度（饱和度），无彩色只具有明度这一个属性。"色相"可以理解为色彩的样貌，也就是红色、绿色、蓝色、黄色、紫色等。"明度"指的是色彩的明暗程度，如深灰色与浅灰色，深蓝色与浅蓝色。"纯度"也常被称为"饱和度"，指的是色彩的鲜艳程度，如正红色的纯度较高，土红色的纯度较低。

色相:红　　色相:绿
明度较低　明度较高
纯度较高　纯度较低

颜色除了色相、明度、纯度这三大属性外，还具有"温度"。色彩的"温度"也被称为色温、色性，指色彩的冷暖倾向。越倾向于蓝色的为冷色调，冷色调适合展现科技感、清凉感、冷酷感，如产品测评类视频；越倾向于橘色的为暖色调，暖色调适合展现温馨感、美味感、舒适感，如美食类视频。

"色调"也是我们经常提到的一个词语，指的是画面整体的颜色倾向，如青蓝色调图像、紫色调图像等。图像的色调倾向会给人不同的心理暗示。例如，低饱和度的蓝色调会给人以寒风瑟瑟的孤独之感，浓郁的粉紫色调则会让人感受到浪漫的氛围。

"影调"又称为画面的基调或调子，指画面的明暗层次、虚实对比和色彩的色相明暗等之间的关系。根据画面明暗的不同，可以将图像分为亮调、暗调和中间调。

4.3.2 神奇的色彩组合

每种色彩都有它特有的"性格"，而不同的色彩组合在一起更能产生神奇的效果。不同色彩的组合大致可以分为五大类：同类色搭配、邻近色搭配、类似色搭配、对比色搭配、互补色搭配。

1. 同类色搭配

同类色是指在 24 色色相环中相隔大约为 15°以内的两种颜色。同类色的对比较弱，搭配在一起给人单纯、柔和的感受，如大红与深红，浅绿与深绿。

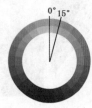 

2. 邻近色搭配

邻近色是指在色相环内相隔大约为 30°~60°的两种颜色。邻近色搭配会让画面产生协调统一的效果，如橘红与橘色，草绿与黄绿。

3. 类似色搭配

在色相环中相隔 60°~90°的颜色为类似色。类似色的色相对比不强，搭配使用给人以和谐而不单调的感受，如红与橙，黄与绿。

4. 对比色搭配

在色相环中相隔 120°左右的色彩属于对比色关系。对比色搭配使用给人一种明快、醒目的感受。但过度使用容易引起精神亢奋、视觉疲劳，如橙与紫，黄与蓝。

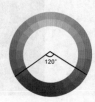 

5. 互补色搭配

在色相环中相差 180° 左右的颜色为互补色。互补色搭配使用的效果最强烈、刺激，属于最强对比，对人的视觉具有最强的吸引力，如红与绿，黄与紫，蓝与橙。

需要注意的是，两种颜色的色相对比没有严格的界限。例如，通常认为色相环内相隔 15° 左右的两种颜色为同类色对比，但是如果两种颜色相差 20°，就很难界定。因此我们只要掌握色彩的大概感觉即可，不要被概念约束。

4.3.3　短视频的色彩搭配

短视频的画面中总是会出现各种各样的色彩，无论是环境中已有的色彩，还是因人物出现而带来的色彩，甚至是因光照而产生的色彩，不同的色彩搭配在一起，总是会产生不同的视觉效果。在进行画面色彩的规划时，可以将相近的色彩归类为一种。通常画面的色彩可以分为三部分：主色、辅助色、点缀色。

如果画面中黄色所占的面积最大，那么黄色就是画面的主色。主色起到最主要的气氛渲染或情绪传达的作用。例如，以明度适中的黄色为主色的画面常用于表达欢快、美味的主题；而以粉色为主色的画面常用于表达可爱、甜美的主题。

在画面中占比第二大的颜色被称为画面的辅助色，辅助色用于与主色之间形成对比或呼应。如果辅助色与主色之间为对立的两种颜色（如粉色与蓝色），那么此时画面常用于表达激烈的、拥有冲突感的主题；如果辅助色与主色相近（如粉色与红色），那么画面通常可表达平和、舒适、稳定的主题。

除主色、辅助色以外，点缀色的使用也是非常重要的。点缀色在画面中占比最小，且通常起到"点睛之笔"的作用。例如，点缀在沙黄色与深蓝色之间的橙色，点亮了画面；而在蓝天与粉色花朵之间的嫩绿色则调和了粉蓝之间的对比。

了解了以上知识后，接下来可以分析视频中将要出现的可能影响画面色彩的要素：场景、人物／主体物、道具、光线等。接着从这几个要素中选出不可更改的要素。例如，某个产品是必须出现且不可更改的，那么接下来就可以分析这部分在画面中的占比，分析这部分色彩的特性。进而对剩下几部分要素的颜色进行选择。如果要使画面看起来更具视觉冲击力，那么则需要选择对立的色彩；如果要得到柔和的视觉效果，则可选择与环境颜色接近的色彩。

最后，可在画面中布置一些色彩反差较大但体积较小的元素，以丰富画面效果。

4.3.4　短视频中的冷暖对比的妙用

　　冷色与暖色在视觉上不仅有温度的差异，更会有空间距离感上的差异，同一个物品，暖色往往给人感觉更近，而冷色则看起来距离更远。

　　根据这个特点，在冷色调的场景中可以在人物或主体物周边布设暖调的灯光，与远处冷色环境形成对比，以此增强画面的空间感。

4.3.5　用光制造色彩冲突

除了场景中的物品或人物身上的颜色外，光线的色彩也能够在很大程度上改变画面的氛围。通常的布光思路大都是力图还原真实的色彩，而如果想要得到特殊效果，则可以尝试使用带有一定颜色倾向的灯光，如可变颜色的 LED 灯，或者使用搭配"色片"的影视灯。

偏暗的室内空间中最适合用带有颜色的光来营造氛围。例如，想要表现柔和、温馨的氛围，暗环境下的暖黄色灯光就是非常好的选择。

可以尝试在空间中制造出两种颜色反差较大的灯光，营造出更具戏剧化、故事感的色彩混合效果。例如，使用两盏可调颜色的 LED 补光灯，分别从产品的两侧照射。

蓝色 + 紫色的搭配也是近年来比较流行的搭配，应用于数码产品展示视频或炫酷的舞蹈类视频中，其往往比白光更具质感。

除了对比强烈的颜色外，类似色的灯光搭配在一起，既协调又能增强画面层次感，如蓝色 + 绿色，红色 + 橙色。

4.3.6　本节任务

运用色彩对比的原理，调整人物服饰、场景内元素布置及灯光等要素，构建出环境暗、主体亮，背景冷、主体暖的画面。

📖 **读书笔记**

第 5 章

"爆款" 短视频创作思路拆解

■ 本章要点

选定了某个短视频赛道后，具体的短视频创作该如何下手呢？或者说，具体创作怎样的内容才能够成为"爆款"短视频呢？其实，无论什么主题的短视频，如果想要在很短的时间内抓住观者的眼球，就要抓住"有趣、有用、有共鸣"这三个要点。目前每个类别的短视频赛道中都有一些常用的创作"套路"（即思路），套用这些创作思路可以轻松地创作出"合格"的作品。对于新手朋友来说，不妨先"借来"用一用。待具备创作出成熟作品的实力后，再作创新。

5.1　美食类短视频

美食类短视频账号的作品只能有好吃、诱人这一种风格吗？当然不是。除了制作让人垂涎欲滴的美食外，还可以有恶搞美食、美食翻车、网红美食测评等多种形式。

视频主题	视频主题	视频主题
恶搞美食	诱人美食	美食翻车
策划思路	策划思路	策划思路
亲友奉上爱心美食，但美食中的食材以一种不合理的形式出现。含泪吃下，搭配"有你是我的福分"等反差极大的音效，让人捧腹大笑	从无到有，做一盘色、香、味俱全的菜。拍摄美食制作的关键步骤，搭配简单易懂的讲解，诱惑观者的同时也会引起学习、模仿、传播	按照流行的美食教程做菜，从开始一本正经地做菜，到最后端出惨不忍睹的"美食"
关键词/记忆点	关键词/记忆点	关键词/记忆点
反差感、出其不意、恶搞	美味、简单、学得会	浪费食材的一天、翻车、搞笑

5.2 时尚类短视频

时尚、美妆、穿搭、颜值大多是以女性为主要目标群体的短视频赛道，此类短视频比较适合通过带货的方式变现。

视频主题	视频主题	视频主题
时尚穿搭分享	化妆变装	户外采访
策划思路	策划思路	策划思路
展示服装、饰品的穿着、搭配方式，前后对比效果明显。直观地展现物品，非常容易通过带货变现	变装之前平凡朴素，变装之后惊艳绝伦，可参考当下流行的影视作品或网络热门作品	户外或商场，向美女/帅哥提问一些热点或有争议的问题，并得到正向的回复。人美、三观又正，自然讨喜
关键词/记忆点	关键词/记忆点	关键词/记忆点
搭配、好看、想要、实用	变装、风格化妆容、有范儿、惊艳	颜值高、三观正、热点话题

5.3　生活类短视频

　　生活类短视频赛道是短视频平台中非常大的一个类目，通过记录日常生活中的点滴故事引起观者的共鸣，从而产生广泛传播的"现象级"短视频。此类短视频参与人员广泛、门槛较低。

视频主题	视频主题	视频主题
搞笑趣事	生活中的冷知识	美好片段
策划思路	策划思路	策划思路
以视频的形式复述发生过的搞笑经历，贴近生活，容易引起共鸣	选择存在于日常生活中，却很容易被人忽略的事物作为冷知识进行科普	各种节日期间的代表元素最容易引起人们的共鸣，如过年时的烟花、中秋节的月亮等。搭配音乐、祝福文字，适合广泛传播
关键词 / 记忆点	关键词 / 记忆点	关键词 / 记忆点
搞笑、日常	冷知识、长知识	节日、喜悦、祝福

5.4　才艺技能类短视频

有一技之长的朋友可以将才艺以视频的形式记录下来，如音乐、舞蹈、绘画、魔术等。对于并不具有这些技能的人来说，不仅会被这些技能的成果吸引，而想要拥有相同技能的想法更会促使观者收藏视频。

视频主题	视频主题	视频主题
冰钓	绘画	插花
策划思路	策划思路	策划思路
钓鱼比较常见，但冰钓并不是特别常见的场景。直观地拍摄冰钓的现场，与众不同的钓鱼方式以及抓到鱼的喜悦都令人感兴趣	过于复杂和专业的绘画可能会使人产生距离感，而形式简单、用时不长就能得到不错效果的绘画视频更容易使人产生想要学习的想法，从而极易被人收藏	美丽的花朵人人都爱，插花的过程不仅让人感受到美好，其看起来简单易操作的手法，还容易吸引人学习插花
关键词/记忆点	关键词/记忆点	关键词/记忆点
沉浸式、好奇心、关注结果	绘画、简单、可复制	插花、唯美、学得会

5.5　旅行类短视频

以旅行为主题的短视频不仅可以拍摄途中优美的自然风光，还可以代入人文因素，使人产生共鸣。分享旅行中的注意事项，以使人感到有所收获。

视频主题	视频主题	视频主题
旅行攻略	有故事的旅行	奇特的风景
策划思路	策划思路	策划思路
分享各类与旅行相关的知识，如游乐场测评、景区游玩攻略、交通攻略、住宿攻略等，使观者能够有所收获	在记录美景的同时加入亲情、友情、爱情等情感因素，更容易引起共鸣，如陪爸妈去旅行、与爱人的纪念日之旅、带着宠物自驾游等	当人们对热门旅行地越来越熟悉时，小众的旅行地往往更容易博人眼球，如鲜有人去的极地冰川、只有当地居民才知道的海滩、城市里隐藏的美景等
关键词 / 记忆点	关键词 / 记忆点	关键词 / 记忆点
景区测评、酒店测评、旅行避雷、旅行干货	旅行、故事、文艺、美景	小众旅行、秘境

5.6　舞蹈类短视频

　　以舞蹈为主要内容的短视频很多，常规的舞蹈室中录制的跳舞视频可能很难吸引人的眼球，而在舞蹈的基础上添加其他的元素不失为一种很好的方式，如舞蹈＋教学、舞蹈＋变装、舞蹈＋不同场地。

视频主题	视频主题	视频主题
舞蹈教学	变装舞蹈	非常规场合舞蹈
策划思路	策划思路	策划思路
面向无基础用户，讲解时下流行的舞蹈，可适当降低舞蹈难度	从萎靡不振的日常装扮变装到神采飞扬的舞者	常规的舞蹈视频通常在室内拍摄。反其道行之，街边、商场甚至是田野中的舞蹈更容易引起反差感
关键词／记忆点	关键词／记忆点	关键词／记忆点
教学、简单、零基础、一学就会	变装、舞蹈、反差感	室外、舞蹈、反差感

5.7 三农类短视频

三农类短视频是指以农业、农村和农民为主题的短视频。悠闲的乡村生活、朴实的村里老乡、开阔的田野风光、儿时的乡村回忆等都是可用的素材。除此之外，选择三农类短视频赛道进行电商带货也是不错的选择，电商带货中的人、货、场，其实可以换为农民、农业、农村，而且具有不同的视觉风格。

视频主题	视频主题	视频主题
乡村美食	乡村风光	乡村生活
策划思路	策划思路	策划思路
记录乡村特有古法美食的制作方法，结合乡村的故事、传说，朴实而温情	拍摄记录真实的乡村风光美景，引起在都市中生活的人们的兴趣，唤起儿时的记忆	以质朴的人设尽量真实地还原乡村生活中的有趣片段，如与牲畜之间的互动、河边垂钓、收获果实等。适合农副产品的带货销售
关键词/记忆点	关键词/记忆点	关键词/记忆点
古法美食、接地气	乡村美景、放松、休闲	乡村生活、朴实人设、真实

5.8 运动健身类短视频

运动健身类短视频向来都是以积极、热血、励志为主旋律，不仅可以分享个人的运动成果，而且可以以教学的形式呈现或者分享运动健身后的感受。

视频主题	视频主题	视频主题
效果对比	健身类教学	运动之后的搞笑画面
策划思路	策划思路	策划思路
展示一段时间内坚持减肥或健身过程中不同时间点的直观效果吸引观者，搭配励志的文案，更容易得到关注	针对当下最需要健身的群体（办公人群、学生等）的特点，打造适合目标人群的简单、好学、容易实现的健身操，带动全民健身的热潮	运动健身后最明显的感受就是疲劳，而通过搞笑的方式展现疲劳非常容易引起健身爱好者的共鸣
关键词/记忆点	关键词/记忆点	关键词/记忆点
减肥、分享、励志、坚持	简单不累、跟得上、学得会、不挑场地	运动之后、搞笑

5.9 萌宠类短视频

家有萌宠，但不知道该拍些什么？展示萌宠的有趣日常是一种很常见的手法，除此之外，将宠物拟人化并配合一定的剧情演绎、以宠物的第一视角拍摄或展示另类宠物都是不错的方法。

视频主题	视频主题	视频主题
宠物拟人	趣味宠物日常	独特的宠物
策划思路	**策划思路**	**策划思路**
当宠物模仿人做一些动作时，总是让人忍俊不禁。为宠物赋予人格，哪怕只是简单的剧情，也会产生非常有趣的效果，如宠物工作、宠物做菜等	陪伴在身边的宠物就像家人一样，仔细观察宠物的日常生活，经常能够捕捉到大量非常有趣的镜头。当然也可以配合一些道具，如美食当前、玩具诱导、服装等，也可设定特殊场景，如外出、洗澡、游戏等	猫猫狗狗固然可爱，但"另类"的宠物更能满足人们的好奇心。展示独特类型的宠物的饲养方式及生活习惯等，也能够引起人们的关注
关键词/记忆点	**关键词/记忆点**	**关键词/记忆点**
戏精萌宠、拟人化	宠物日常、宠物搞笑	稀有宠物、独特

5.10　汽车类短视频

汽车类短视频是一种比较容易变现的赛道，适合汽车厂商、二手车企业或是自媒体。其中常见的短视频类型有汽车测评、车型推荐、购车指导、稀有车型鉴赏、用车技巧等。

视频主题	视频主题	视频主题
汽车相关的故事	汽车展示	香车美女
策划思路	策划思路	策划思路
与汽车相关的故事有很多，开车、乘车、买车、学习开车的过程中都有很多可以引起人们共鸣的故事	展示汽车的外观、性能，拍摄过程中可使用动感的节奏搭配有色灯光，也可添加炫酷的视频特效，吸引人的眼球	无论是香车还是美女，都是吸引人的要素，而将这两者结合在一起，再结合一些简单的剧情，很容易引起传播和模仿，如开车去接闺蜜
关键词 / 记忆点	关键词 / 记忆点	关键词 / 记忆点
开车、乘车、买车、学车	汽车、改装车、炫酷	香车美女
	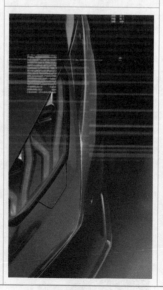	

5.11 情感类短视频

情感永远是人们最关心的话题之一，无论是亲情、友情或是爱情，在使人感到幸福的同时也可能使人产生痛苦或纠结。对于美好情感的向往、对于痛苦情感经历的共鸣以及如何解决情感问题都可以作为短视频的内容。

视频主题	视频主题	视频主题
情感短剧	治愈系语录	情感课堂
策划思路	**策划思路**	**策划思路**
以多人短剧的形式演绎人们情感生活中的典型经历，观者常会代入主角身份，并以得偿所愿、主角逆袭、结局翻转或实现情感中的"正义"，为观者带来满足感	以治愈系的文案为主，搭配相关视频片段或静态图像，以改善当下常见的负面情绪为目的，在欣赏的同时引起人们的共鸣	"情感导师"讲解情感中的道理、解决情感中的困惑，真人出镜，更有说服力
关键词/记忆点	**关键词/记忆点**	**关键词/记忆点**
角色代入、情感共鸣、剧情	情感语录、情绪、治愈、正能量	情感课堂、扎心、生活感悟

没关系 我等你

雨天终会过去

要相信最好的自己，不负期待。

情感中的8句大实话

哪句戳中了你

5.12　家居家装类短视频

家居家装类短视频主要围绕装修设计、家具家电测评、家居好物推荐等内容展开，常见的形式有产品展示、知识科普，也可尝试植入剧情。

视频主题	视频主题	视频主题
自己装修	装修效果展示	装修知识分享
策划思路	策划思路	策划思路
非专业人员反常规地自己动手装修，以主观视角拍摄视频。此类短视频的拍摄具有连续性，可以从毛坯房开始拍摄，一直拍摄到装完入住。中间可穿插装修时遇到的人和事、苦与乐。这种方式可吸引观者长期关注	展示专业设计师、专业装修团队的作品，以视频的形式呈现装修前后的对比效果。展示精美的装修效果的同时也会给人以对理想生活的向往之感	以专业设计师的角度讲解室内装修相关小知识，分享干货。观者在学习到知识的同时也会增加对创作者的信任
关键词／记忆点	关键词／记忆点	关键词／记忆点
自己装修、DIY、省钱	精装房、专业设计、理想的家	装修干货、装修避雷

5.13 园艺类短视频

园艺类短视频的内容主要有吸引人的花卉植物展示以及干货满满的园艺技巧分享。此类视频账号较容易变现,在视频中植入种子、花药、肥料、花盆等商品信息,带货成交率较高。

视频主题	视频主题	视频主题
园艺成果展示	园艺技巧分享	另类园艺
策划思路	策划思路	策划思路
运用盛开的鲜花吸引观者注意,展示从种下种子到开满鲜花的过程,给人以"不难种"的心理暗示	运用家中常见物品讲解园艺相关的知识、技巧,讲解园艺种植中常遇到的问题,直击人心	常规的园艺主要集中于种植花卉等用于观赏的植物,想要体现差异,可以尝试在种植场地、种植品种、种植方式等方面与众不同,以吸引人的眼球
关键词/记忆点	关键词/记忆点	关键词/记忆点
鲜花、好看、易种植	种植技巧、干货	另类种植

家里也能种出一片花海

适当去根 增加土壤透气性

冰箱君的

今晚要吃生菜沙拉
摘点嫩叶再下班

5.14　本章任务

　　选择适合自己的短视频类型，套用本章介绍的思路与技巧，构思 1~2 个短视频创作方案。

📖 读书笔记

剪映视频

编辑篇

第 6 章

剪映基础操作

■ 本章要点

通过前几章的学习，我们了解了短视频拍什么以及怎么拍。在接下来的几章，我们将围绕剪映 App 来学习拍摄后的视频如何进行剪辑、编辑，并成为最终的作品。在本章中将学习剪映 App 界面中的常用工具的使用方法，包括剪辑、贴纸、画中画、素材包、比例、背景等。通过本章的学习，应该基本掌握剪映 App 中常用工具的应用方法，为后面的剪映章节做铺垫。

6.1　剪映初体验

剪映 App 是一款功能强大的视频剪辑、视频编辑工具。先来认识一下剪映 App 中的主要功能——工具栏。剪映 App 界面下方的"工具栏"面板中包括剪辑、音频、文字、贴纸、画中画、特效、素材包、滤镜、比例、背景、调节。需要注意的是，因为每个人的剪映 App 的版本不同，界面或工具可能会与本书有所不同，但不影响使用。

（1）剪辑：用于对视频进行分割、变速、动画等操作。

（2）音频：用于添加音乐、音效、录音等。

（3）文字：用于为画面新建文本、文字模板以及识别字幕、识别歌词等。

（4）贴纸：用于为视频添加合适的贴纸，使画面更丰富。

（5）画中画：用于将视频素材添加到一条新的"视频"轨道上。

（6）特效：用于为视频添加画面特效和人物特效。

（7）素材包：用于为视频添加预设好的素材效果。

（8）滤镜：用于为视频整体添加预设滤镜效果，一键调色。

（9）比例：用于调整画面大小比例。

（10）背景：用于调整画面背景颜色或为背景添加肌理等。

（11）调节：用于手动调整视频颜色，如亮度、对比度、饱和度等。

本章中将重点对其中一部分工具进行讲解，剩余的部分会在相应的章节讲解，如"文字"工具会在文字章节进行讲解。

6.1.1　实例：尝试剪辑视频作品

剪映是手机视频剪辑最常用的 App 之一。本小节来体验一下使用剪映 App 创作视频的基本流程，包括使用"分割"与"删除"工具对视频进行剪辑，使用"转场"与"特效"丰富视频画面，使用"文字模板"创建文字并制作文字动画，最后设置合适的音频文件并导出视频。

扫码看视频

（1）将 01.mp4 素材文件导入剪映 App。将时间线滑动至 2 秒位置处。在"工具栏"面板中执行"剪辑"/"分割"命令。

（2）在"视频"轨道上点击时间线后方的素材文件，点击"工具栏"面板中的"删除"按钮。

（3）将时间线滑动至 01.mp4 素材文件的结束时间位置处，点击⊞（添加素材）按钮。

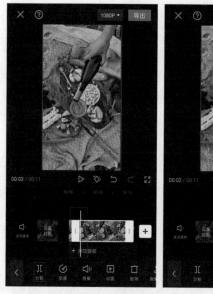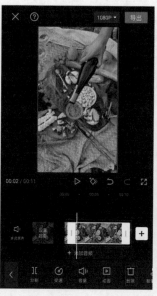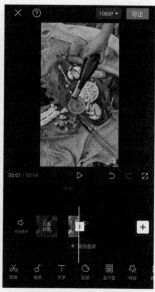

（4）在"素材"面板中执行"照片视频"/"视频"命令，选择 02.mp4 素材文件，接着点击"添加"按钮。

（5）将时间线滑动至 4 秒 16 帧位置处，在"工具栏"面板中执行"剪辑"/"分割"命令。

（6）在"视频"轨道上点击时间线后方的 02.mp4 素材文件，点击"工具栏"面板中的"删除"按钮。

（7）在"时间线"面板中点击"关闭原声"按钮，接着点击两个视频中间的 ⊥（转场）按钮。

（8）在弹出的"转场"面板中点击"基础转场"按钮，选择"叠化"转场。

（9）在"工具栏"面板中执行"文字"/"文字模板"/"手写字"命令，选择合适的文字模板。

（10）在"文字轨道"中设置"文字轨道"的结束时间与视频结束时间相同，并在"播放"面板中将文字模板拖动到合适的位置处。

（11）将时间线滑动至 8 帧位置处，在"工具栏"面板中执行"特效"/"画面特效"/"氛围"命令，选择"星火炸开"特效。

（12）在"工具栏"面板中点击"作用对象"按钮。

（13）在"作用对象"面板中点击"全局"按钮。

（14）将时间线滑动至起始时间位置处，在"工具栏"面板中执行"音频"/"音乐"/VLOG 命令，在 VLOG 面板中选择合适的音频文件，点击"使用"按钮。

（15）将时间线滑动至视频结束时间位置处，在"工具栏"面板中执行"音频"/"分割"命令。

（16）点击时间线后方的音频文件，在"工具栏"面板中点击"删除"按钮。

（17）在"视频"轨道上点击"片尾"，接着在"工具栏"面板中点击"删除"按钮，最后点击"导出"按钮，导出视频文件。

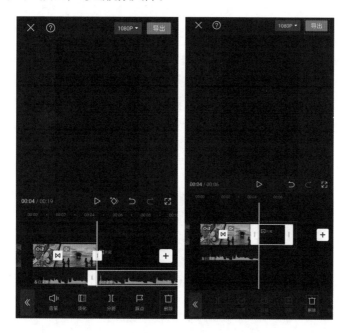

6.1.2　调整素材文件顺序

（1）以添加音效为例，添加两段音频。选择"音频"轨道上的音频文件，并向后拖动到合适的位置处。

（2）将音效文件向上拖动到音频文件前方位置处。

（3）此时音频文件与音效文件在同一轨道上，如果需要先播放音频文件可将音频文件拖动到音效文件前方。

6.1.3　本节任务

尝试将前几章任务中拍摄完成的几段视频，简单剪辑或拼接为一个视频作品。

6.2 实用的剪辑工具组

打开剪映 App，点击"开始创作"按钮，并导入任意视频素材。当点击"视频"轨道或"画中画"轨道时，即可进入剪辑工具组中。如果不选择任何轨道，点击界面下方的"剪辑"按钮，也可进入剪辑工具组。剪辑工具组中包括分割、变速、音量、动画、删除、智能抠像、抖音玩法、音频分离、编辑、滤镜、调节、美颜美体、蒙版、色度抠图、切画中画、防抖、不透明度、降噪、变声、复制、倒放、定格、替换工具按钮。

名称	"分割"工具	"变速"工具	"音量"工具
功能	可以将视频切分为两部分	可以调整视频的速率，包括常规变速、曲线变速	用于调整音频音量的大小
方法	选择视频，将时间线滑动至合适的位置处，点击"分割"按钮，视频被切分为两段	点击"变速"按钮，常规变速指倍速加速，"曲线变速"指可自由设置时快时慢的效果	在剪辑工具组中点击"音量"按钮
图示			

名称	"动画"工具	"删除"工具	"智能抠像"工具
功能	用于为素材添加入场、出场、组合动画	用于删除素材	用于对素材的主体进行自动抠像
方法	在剪辑工具组中点击"动画"按钮	在"视频"轨道中选择素材，点击"删除"按钮	在剪辑工具组中点击"智能抠像"按钮
图示			

名称	"抖音玩法"工具	"音频分离"工具	"编辑"工具
功能	用于为素材添加预设的动态效果。根据视频素材内容的不同，在下方会推荐不同的玩法	用于将素材的音频与视频文件进行分离	用于对素材进行简单的旋转、镜像、裁剪
方法	在剪辑工具组中点击"抖音玩法"按钮，即可为视频添加好玩的效果	选择视频素材，点击"音频分离"按钮，即可将素材的音频分离出来	在剪辑工具组中点击"编辑"按钮，可对素材进行旋转、镜像、裁剪，还可以单指移动、双指缩放
图示			

119

名称	"滤镜"工具	"调节"工具	"美颜美体"工具
功能	用于对素材添加预制的调色滤镜效果，或调整画面色相、色调等	通过调整亮度、对比度、饱和度等进行细致的色调调整	用于调整人物身材比例与面部比例
方法	在剪辑工具组中点击"滤镜"按钮，选择一款适合的滤镜	在剪辑工具组中点击"调节"按钮，即可对调色参数进行设置	在剪辑工具组中点击"美颜美体"/"智能美体"按钮
图示			

名称	"蒙版"工具	"色度抠图"工具	"切画中画"工具
功能	用于遮挡素材的一部分	用于将纯色背景快速抠除进行素材融合	用于将"视频"轨道切换到"画中画"轨道
方法	在剪辑工具组中点击"蒙版"按钮，即可选择合适的蒙版形状，还可以修改蒙版大小、位置、旋转与羽化	在剪辑工具组中点击"色度抠图"按钮，点击背景颜色位置，并设置强度	导入两段及以上素材后，在剪辑工具组中点击"切画中画"按钮，即可将另外一段素材切换到"画中画"轨道
图示			

名称	"防抖"工具	"不透明度"工具	"降噪"工具
功能	用于减弱画面晃动的幅度	用于调整素材的不透明度制作画面效果	用于降低素材中的杂音并提高人声
方法	在剪辑工具组中点击"防抖"按钮，即可修复抖动效果	在剪辑工具组中点击"不透明度"按钮，即可调整不透明度	在剪辑工具组中点击"降噪"按钮，并开启"降噪开关"
图示			

名称	"变声"工具	"复制"工具	"倒放"工具
功能	用于变换素材中的人声音频的声音	用于将素材进行复制并用于操作	用于将素材从结束时间开始播放
方法	在剪辑工具组中点击"变声"按钮，并选择一款合适的变声效果	在剪辑工具组中点击"复制"按钮，此时复制完成	在剪辑工具组中点击"倒放"按钮，在"预览"区域中可以看到结束时间的画面已经变为起始时间的画面
图示			

名称	"定格"工具	"替换"工具
功能	用于将素材某一时间的视频凝固下来	用于将素材进行更换
方法	选中素材，将时间线滑动至合适位置处，点击"定格"按钮，此时"视频"轨道中的素材已被分割为3个部分。中间部分为定格静止	选中素材，在剪辑工具组中点击"替换"按钮，选中另外一个素材即可完成替换
图示		

6.3 向视频中添加好玩的贴纸

打开剪映App，点击"开始创作"按钮，并导入任意视频素材。点击"贴纸"按钮可为视频添加各类贴纸，用于丰富画面动感与氛围使画面效果更加生动。除了按照分类进行选择并添加贴纸外，还可以直接在搜索栏中搜索需要的贴纸关键词。

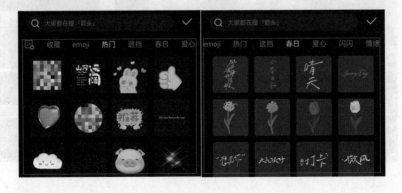

6.3.1　选一个好玩的贴纸吧

（1）在"工具栏"面板中点击"贴纸"按钮。点击"热门"按钮，选择合适的贴纸，并在"预览"面板中拖动到右下角位置处。

（2）在"预览"面板中点击"贴纸动画"按钮。

（3）在"贴纸动画"面板中点击"循环动画"按钮，选择"轻微跳动"效果。

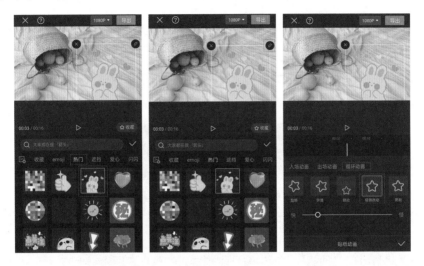

6.3.2　调整贴纸的持续时间

（1）当轨道上同时添加了两个或多个效果时，其持续时间并不相同。

（2）将一段效果的结束时间拖动到合适的位置处。

（3）将另一段效果的结束时间拖动到相同位置处，此时在播放时即可看到"预览"面板中同时出现了两个效果。

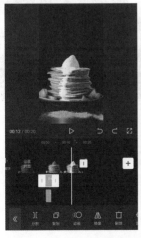

6.3.3 本节任务

为自己拍摄的视频添加合适的贴纸，并修改贴纸中文字的内容。

6.4　画中画：增加"视频"轨道

当"视频"轨道已添加任意素材，又想制作不同素材并在同一时间播放时，可以使用"画中画"工具。"画中画"工具最多可添加 6 个素材，可理解为在"视频"轨道上方最多添加 6 个图层素材。

（1）在"工具栏"面板中点击"画中画"按钮，接着点击"新增画中画"按钮。

（2）在"素材库"中执行"照片视频"/"视频"命令，选择合适的素材文件，点击"添加"按钮。

（3）此时可在"预览"面板中看到刚刚导入的素材在原素材上方。

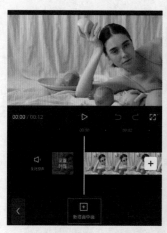

6.5　使用素材包丰富 Vlog

打开剪映 App，点击"开始创作"按钮，并导入任意视频素材。点击"素材包"

按钮可为视频添加各类动态素材效果，如情绪、互动引导、片头、片尾、穿搭、美食等。

（1）在"工具栏"面板中点击"素材包"按钮。

（2）点击 VLOG 按钮，选择合适的素材。

（3）点击"新增素材包"按钮。

（4）点击 VLOG 按钮，选择其他合适的素材包。

（5）点击"打散"按钮。

（6）选择"时间线"面板中需要进行修改的素材，双击"预览"面板中的文字
内容即可修改文字，还可以手动调整素材的开始位置和结束位置。

6.6 更改画面比例

打开剪映 App，点击"开始创作"按钮，并导入任意视频素材。点击"比例"按钮可调整素材的画面比例，包括原始、9∶16、16∶9、1∶1、4∶3。其实最常用的是 9∶16 与 16∶9 两个比例，9∶16 为抖音短视频常用视频比例，而16∶9 为长视频常用比例。

（1）在"工具栏"面板中点击"比例"按钮。
（2）点击 1∶1 效果，可以在"预览"面板中看到画面比例已经被修改。
（3）再次点击 9∶16 效果，可以在"预览"面板中看到画面比例已经被修改。

6.7　为视频添加新的背景

打开剪映 App，点击"开始创作"按钮，并导入任意视频素材。点击"背景"按钮可为素材添加背景，"背景"工具包括"画布颜色""画布样式""画布模糊"。其中最常用的是"画布模糊"，可以为视频添加模糊背景。

（1）在"工具栏"面板中点击"背景"按钮。

（2）点击"画布样式"按钮。

（3）在"画布样式"面板中选择合适的画布。

（4）在"预览"面板中使用两个手指向内靠拢将素材适当缩小，即可看到刚才添加的画布样式。

（5）点击"画布模糊"按钮。

（6）在"画布模糊"面板中选择合适的模糊程度类型。

6.8　导出视频

在剪映App中创作完成作品以后，需要将作品导出为视频。首先点击右上角的"导出"按钮左侧的1080P按钮；然后设置合适的"分辨率"和"帧率"；最后点击"导出"按钮可进行导出。

"分辨率"是指画面中的像素点，像素点越多画面就越清晰；"帧率"是指每秒画面中有多少帧，帧率越高细节越多，画面越流畅。同理，"分辨率"与"帧率"越高视频文件就越大，越低视频文件就越小。

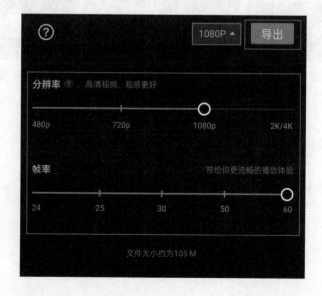

（1）创作完成作品后，在"工具栏"面板中点击"分辨率"按钮。

（2）设置"分辨率"为1080p，"帧率"为60，并点击"导出"按钮。

（3）此时可以看到文件正在导出。导出完成后可在手机相册中找到刚刚导出的视频。

 读书笔记

第7章

使用剪映剪辑视频

■ 本章要点

本章将学习使用剪映App对视频进行剪辑，使作品更具情感、节奏感、故事感。除了使用剪映App进行常规剪辑以外，还可以使用"一键成片""图文成片""剪同款""巨量创意"等工具或软件创作视频。

7.1　什么是剪辑

剪辑是一种对视频进行非线性编辑的方式。在剪辑过程中可通过对加入的图片、配乐、特效等素材与视频进行重新组合，以分割、合并等方式生成一个更加精彩的、全新的视频。在剪映 App 中选择轨道上的素材,将时间轴移动至合适位置处,点击"分割"按钮即可将一个视频切分为两个片段。

7.1.1　整理素材

前期的素材整理对后期的剪辑具有非常大的帮助。通常在拍摄时会把一个故事情节分段拍摄，拍摄完成后对所有素材进行浏览，留取其中可用的素材，将可用部分添加标记便于二次查找。然后按照脚本、景别、角色将素材进行分类排序，将同属性的素材存放在一起。整齐有序的素材不仅可以提高剪辑效率和视频质量，而且可以显示出剪辑人员的专业性。

7.1.2　初剪

初剪又称为粗剪，将整理完成的素材按照脚本进行归纳、拼接，并按照视频的中心思想、叙事逻辑逐步剪辑，从而粗略剪辑成一个无配乐、无旁白、无特效的视频初样。以初样为这个视频的雏形，一步一步地去制作整个视频。主要包括剪辑重点、删掉空白错误、对照字幕等。

7.1.3　精剪

精剪是视频中最重要的一道剪辑工序，是在粗剪的基础上进行的剪辑操作，取精去糟，从镜头的修整、声音的修饰到文字的添加与特效的合成等方面都花费了大量时间，精剪可控制镜头的长短、调整镜头分剪与剪接点、为画面添加点睛技巧等，精剪是决定视频质量好坏的关键步骤。

7.1.4 完善

完善是剪辑视频的最后一道工序（包括完善视频片头、片尾、字幕等），它在注重细节调整的同时更注重节奏点。通常在该步骤会将导演者的情感、剧本的故事情节及观者的视觉追踪注入整体架构，使整个视频更有故事性和看点。

7.2 实例：减去多余的片段

扫码看视频

本例学习如何在剪映 App 中剪辑视频，减去多余片段。

（1）将背景 .jpg 素材导入剪映 App，设置持续时间为 8 秒 5 帧。

（2）将时间线滑动至 5 秒 3 帧位置处，在"工具栏"面板中点击"分割" 按钮。

（3）此时"视频"轨道上的视频已被分割成两段。

（4）点击分割后方的视频素材，在"工具栏"面板中点击"删除"按钮。

（5）此时可以看到剩余的持续为 5.3s。

（6）选择"视频"轨道上的素材，选择结束时间位置处向前进行拖动，也可以起到对视频结尾处进行剪辑的作用。

7.3　实例：根据音乐节奏剪辑情感类短视频

　　本例在剪映 App 中应用"分割"工具对视频进行剪辑、应用"识别歌词"工具自动识别歌词并添加字幕。

扫码看视频

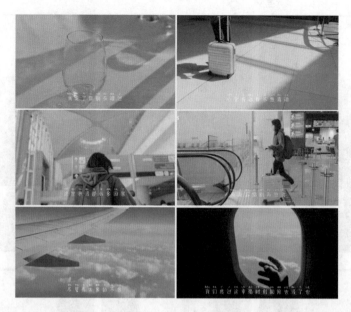

（1）将 01.mp4 素材导入剪映 App。选择"视频"轨道上的 01.mp4 素材，将时间线滑动至 4 秒 01 帧位置处。在"工具栏"面板中点击"分割" 按钮。

（2）点击选择后半段视频，并点击"删除"按钮。

（3）在"视频"轨道上点击 + （添加素材）按钮。

（4）按照顺序依次点击并导入另外 5 个视频素材。

（5）在"视频"轨道上分别设置刚刚导入的视频素材的持续时间为 7.8s、4.1s、6.5s、9.2s、9.1s，方法为拖动每个素材的结束位置以调整时长。并将 06.mp4 素材放大到合适的大小。

（6）将时间线滑动至起始时间位置处，执行"音频"/"音乐"命令，打开"添加音乐"页面。然后在"搜索栏"中搜索"我走后"，选择合适的音频并点击"使用"按钮。

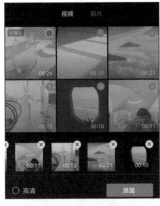

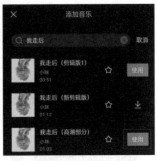

（7）将时间线滑动至与"视频"轨道相同的结束时间，接着点击"音频"轨道上的音频，在"工具栏"面板中点击"分割"按钮，并进行删除。

（8）在"工具栏"面板中执行"文字"/"识别歌词"命令。

（9）在弹出的"识别歌词"窗口中点击"开始识别"按钮。

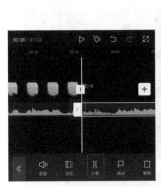

（10）选中轨道上的文字，在"工具栏"面板中点击"批量编辑"按钮。

（11）在弹出的文字中随意点击一行文字。

（12）选择一款合适的字体。

（13）点击"样式"按钮，取消描边效果。

（14）点击"样式"按钮，设置"排列"为居中对齐，设置合适的字体大小。

（15）在"文字"轨道上选择最后一组文字，接着在"工具栏"面板中点击"动画"按钮。

（16）在弹出的"动画"面板中点击"出场动画"按钮，选择"渐隐"效果。

（17）在"视频"轨道上选择"片尾"，并进行删除。在"视频"轨道上点击01.mp4 与 02.mp4 视频中间的 ⌐（转场）按钮。

（18）在"基础转场"面板中选择"模糊"效果，接着点击 ✓（确定）按钮。

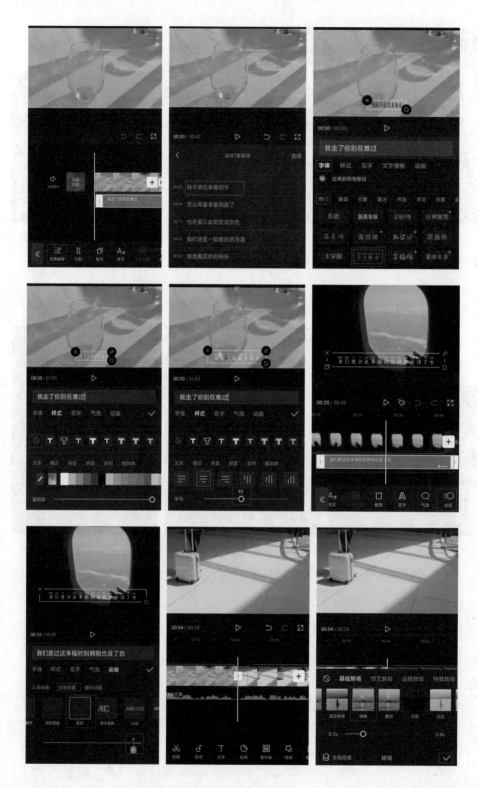

（19）在"视频"轨道上点击 02.mp4 与 03.mp4 素材中间的 ⊔（转场）按钮。

（20）在"基础转场"面板中选择"叠化"效果。使用同样的方法为除了最后一个视频素材的结尾制作同样的效果。

（21）在"视频"轨道上点击 06.mp4 素材，在"工具栏"面板中执行"动画"/"出场动画"/"渐隐"命令。

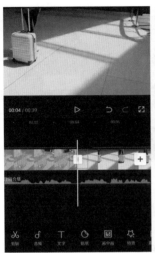

7.4　实例：制作汽车展示卡点短视频

本例在剪映 App 中使用踩点效果，根据音频制作出卡点效果，使用"速率"制作时快时慢的变速效果，并设置合适的过渡效果制作炫酷科技感的汽车展示。

扫码看视频

（1）将 01.mp4 素材导入剪映 App。将时间线滑动至起始时间位置处，点击"音频"轨道上的"添加音频"按钮。

（2）在"工具栏"面板中执行"音乐"/"卡点"命令，并选择合适的音乐。

（3）在"音频"轨道上选择音频，在"工具栏"面板中点击"踩点"按钮。在"踩点"面板中开启"自动踩点"功能并点击"踩节拍 II"按钮。

（4）将时间线滑动至起始时间位置处，选择视频，点击添加关键帧按钮 。

（5）将时间线滑动至 11 帧位置处，将 01.mp4 素材适当放大。

（6）将时间线滑动至第一个卡点按钮位置处，在"工具栏"面板中点击"分割"按钮。选中 01.mp4 素材的后半段，点击"删除"按钮。

（7）在"视频"轨道上点击 （添加素材）按钮。

（8）点击"视频"按钮，找到 02.mp4~04.mp4 素材并点击选择，接着点击"添加"按钮。

（9）将时间线滑动至第二个卡点按钮位置处，在"视频"轨道上点击选择 02.mp4 素材，在"工具栏"面板中点击"分割"按钮。选中 02.mp4 素材的后半段，点击"删除"按钮。

 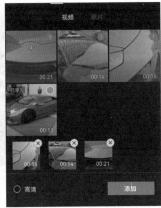 

（10）将时间线滑动至第三个卡点按钮位置处，在"视频"轨道上点击选择03.mp4 素材，在"工具栏"面板中点击"分割"按钮。选中 03.mp4 素材的后半段，点击"删除"按钮。

（11）将时间线滑动至第四个卡点按钮位置处，在"视频"轨道上点击选择04.mp4 素材，在"工具栏"面板中点击"分割"按钮。选中 04.mp4 素材的后半段，点击"删除"按钮。

（12）在"视频"轨道上点击 ⊞（添加素材）按钮，接着依次选择 02.mp4、03.mp4、04.mp4、01.mp4 素材，然后点击"添加"按钮。

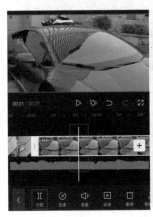  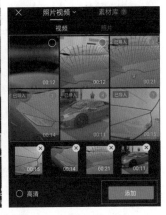

（13）在"视频"轨道上点击新导入的 02.mp4 素材，在"工具栏"面板中执行"变速"/"曲线变速"/"蒙太奇"命令，并点击进行编辑。

（14）在"蒙太奇"面板中添加锚点并制作时快时慢的变速效果。

（15）将时间线滑动至 3 秒位置处，在"工具栏"面板中点击"分割"按钮。选中 02.mp4 素材的后半段，点击"删除"按钮。

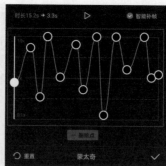

（16）在"视频"轨道上点击新导入的03.mp4素材，在"工具栏"面板中执行"变速"/"曲线变速"/"蒙太奇"命令，并点击进行编辑。

（17）在"蒙太奇"面板中添加锚点并制作时快时慢的变速效果。

（18）在"视频"轨道上点击新导入的04.mp4素材，在"工具栏"面板中执行"变速"/"曲线变速"/"蒙太奇"命令，并点击进行编辑。

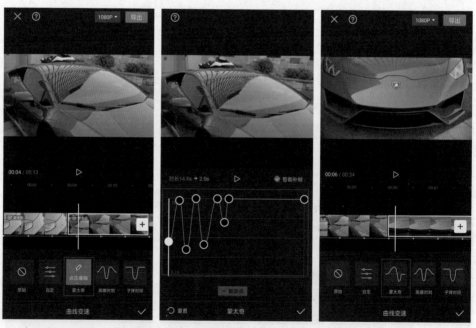

（19）在"蒙太奇"面板中添加锚点并制作时快时慢的变速效果。

（20）将时间线滑动至10秒位置处，在"视频"轨道上选择01.mp4素材，在"工具栏"面板中点击"分割"按钮。选中01.mp4素材的后半段，点击"删除"按钮。

（21）在"视频"轨道上点击01.mp4素材，在"工具栏"面板中执行"动画"/"组合动画"命令。

（22）在"组合动画"面板中点击选择"小火车 IV"效果。

（23）在"视频"轨道上点击 ⊞（添加素材）按钮。依次选择 02.mp4、03.mp4、04.mp4、01.mp4 素材，接着点击"添加"按钮。

（24）在"视频"轨道上设置新导入的素材文件的持续时间为 0.6s。

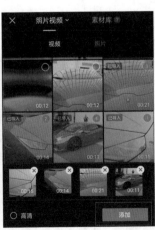

（25）在"视频"轨道上点击 01.mp4 与 02.mp4 素材中间的 ⌐（转场）按钮。

（26）在"特效"面板中点击选择"横向分割"效果，接着点击 ✓（确定）按钮。

（27）在"视频"轨道上点击 04.mp4 与 02.mp4 素材中间的 ⌐（转场）按钮。

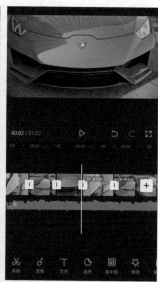

（28）在"特效转场"面板中点击选择"粒子"效果，接着点击✓（确定）按钮。

（29）在"视频"轨道上点击 02.mp4 与 03.mp4 素材中间的⌐（转场）按钮。

（30）在"运镜转场"面板中点击选择"拉远"效果，接着点击✓（确定）按钮。

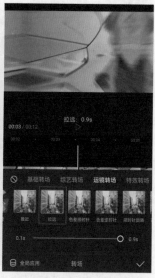

（31）在"视频"轨道上点击 03.mp4 与 04.mp4 素材中间的⌐（转场）按钮。

（32）在"运镜转场"面板中点击选择"向下"效果，接着点击✓（确定）按钮。

（33）在"视频"轨道上点击 04.mp4 与 01.mp4 素材中间的⌐（转场）按钮。

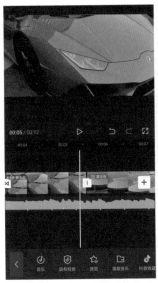
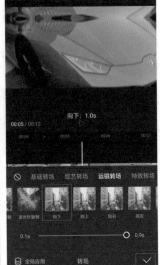
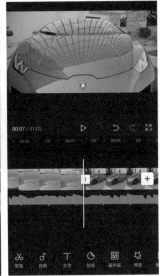

（34）在"运镜转场"面板中点击选择"推近"效果，接着点击☑（确定）按钮。

（35）在"视频"轨道上点击 01.mp4 与 02.mp4 素材中间的⌐（转场）按钮。

（36）在"特效转场"面板中点击选择"分割 II"效果，接着点击☑（确定）按钮。

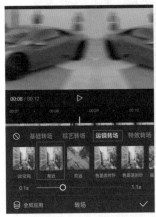
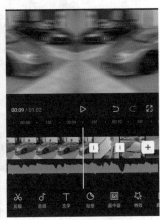

（37）在"视频"轨道上点击"片尾"，接着在"工具栏"面板中点击"删除"按钮。

（38）将时间线滑动至与"视频"轨道相同的结束时间位置处，接着点击"音频"轨道上的音频，在"工具栏"面板中点击"分割"按钮。

（39）点击选择分割后的音频的后半部分，在"工具栏"面板中点击"删除"按钮。

本例制作完成，效果见本例开始位置的展示图。

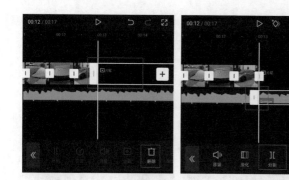
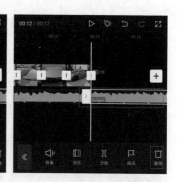

7.5 实例：巧用"一键成片"制作短视频

本例在剪映 App 中使用"一键成片"工具高效制作视频。

扫码看视频

（1）打开剪映 App，在"开始创作"面板中点击"一键成片"按钮。

（2）在"照片视频"面板中点击"视频"按钮，选择合适的视频并点击"下一步"按钮。

（3）此时可看到素材被套用了模板。

（4）当模板不合适时可点击选择其他模板。

（5）点击选择模板后，点击"文字编辑"按钮。

（6）修改原模板上的文字内容，输入合适的文字。

本例制作完成，效果见本例开始位置的展示图。

7.6 实例：巧用"图文成片"制作短视频

本例在剪映 App 中使用"图文成片"工具根据文字高效制作视频。　扫码看视频

（1）打开剪映 App，在"开始创作"面板中点击"图文成片"按钮。

（2）在"图文成片"面板中点击"自定义输入"按钮。

（3）在"编辑内容"面板中输入合适的文字，并输入合适的"标题"，然后点击"生成视频"按钮。

（4）在"工具栏"面板中执行"画面"/"替换"命令。在"视频素材"面板中点击"风景"按钮，点击选择合适的视频素材。

（5）在"工具栏"面板中执行"文字"/"编辑"命令。

（6）在"字体"面板中选择一款合适的字体类型。

（7）执行"样式"/"文本"命令，设置"字号"为8。

（8）执行"样式"/"描边"命令，取消"描边"效果。

（9）点击"导出"按钮导出素材。导出完成后，当需要在剪映 App 中根据此素材进行创作时可点击"导入剪辑"按钮。

（10）点击"导入剪辑"按钮，将素材导入剪映 App。

（11）此时刚刚制作完成的素材已经被导入到了剪映 App 中，可对其进行更精细的创作。

本例制作完成，效果见本例开始位置的展示图。

7.7 实例: 巧用"剪同款"制作短视频

本例在剪映 App 中使用"剪同款"工具剪辑同款视频。

扫码看视频

（1）打开剪映 App，点击"剪同款"按钮。

（2）在"剪同款"面板中点击"日常碎片"按钮，选择任意一款合适的模板。

（3）选择后可播放查看是否适合素材内容，接着点击"剪同款"按钮。

（4）依次按照需要出现的素材的顺序点击素材，并点击"下一步"按钮。

（5）此时视频已被剪辑完成，效果见本例开始位置的展示图。

7.8 实例：跟着"巨量创意"制作爆款短视频

本例使用巨量创意 App 中的模板，快速制作同款视频效果。

扫码看视频

（1）打开巨量创意 App，点击"创作"按钮，然后点击"智能模板"按钮。

（2）在"手机相册"面板中选择 3 段合适的素材，接着点击"匹配特效"按钮。

（3）此时可以看到由刚刚添加的素材自动制作出的效果，还可以在"模板"面板中选择其他模板。

（4）点击"编辑"按钮，在"编辑"面板中点击第一个素材，点击"裁剪"按钮。

（5）将素材向前移动至合适的位置处，接着点击"确定"按钮。

（6）点击"下一步"按钮。

（7）播放画面查看画面是否合适，合适后点击"完成"按钮。

（8）也可以点击"剪爆款"按钮，接着点击选择合适的模板。

（9）播放模板查看是否合适，合适后点击"立即使用"按钮。

（10）还可以点击"拍成片"按钮，点击选择合适的教程。

（11）播放模板查看是否合适，合适后点击"选 TA! 跟我拍"按钮。

7.9　实例：制作怀旧感短视频

扫码看视频

　　本例在剪映 App 中使用"速率"制作变速效果，并使用"智能抠像""不透明度""滤镜"与"特效"设置合适的音乐制作具有怀旧感的回忆短片效果。

（1）将 01.mp4 素材导入剪映 App。在"工具栏"面板中执行"画中画"/"新增画中画"命令。

（2）添加 02.mp4 素材。

（3）将 02.mp4 素材放大到与 01.mp4 等大的屏幕大小，并再次点击"新增画中画"按钮。

（4）添加 03.mp4 素材。接着使用同样的方法将剩余的素材全部添加到"画中画"轨道上并设置大小与屏幕等大。

（5）将时间线滑动至 1 秒位置处，在"画中画"轨道上选择 08.mp4 素材，在"工具栏"面板中点击"分割"按钮。

（6）点击选择分割后的时间线后方的 08.mp4 素材，在"工具栏"面板中执行"变速"/"常规变速"命令。

（7）在"变速"面板中设置速率为0.3x。

（8）在"工具栏"面板中点击"智能抠像"按钮。

（9）点击"视频"轨道上的01.mp4素材，在"工具栏"面板中执行"变速"/"常规变速"命令，设置速率为3.0x。

（10）点击"画中画"轨道上的02.mp4素材，在"工具栏"面板中执行"变速"/"常规变速"命令，设置速率为3.0x。

（11）点击"画中画"轨道上的03.mp4素材，在"工具栏"面板中执行"变速"/"常规变速"命令，设置速率为3.0x。

（12）使用同样的方法将"画中画"轨道上除08.mp4素材之外的其他素材的速率设置为3.0x。

（13）点击"视频"轨道上的 01.mp4 素材，在"工具栏"面板中点击"滤镜"按钮。

（14）在"滤镜"面板中点击"黑白"按钮，选择"褪色"效果。

（15）点击"画中画"轨道上的 02.mp4 素材，在"工具栏"面板中点击"滤镜"按钮。

（16）在"滤镜"面板中点击"黑白"按钮，选择"褪色"效果。

（17）点击"画中画"轨道上的 03.mp4 素材，在"工具栏"面板中点击"滤镜"按钮。

（18）在"滤镜"面板中点击"黑白"按钮，选择"褪色"效果。

（19）使用同样的方法为"画中画"轨道上的所有素材（08.mp4 素材的前一秒除外）都应用"褪色"效果，并将所有素材的初始位置都对齐在第 0 秒。

（20）点击"视频"轨道上的 01.mp4 素材，在"工具栏"面板中点击"不透明度"按钮。

（21）在"不透明度"面板中设置"不透明度"为 60。

（22）点击"画中画"轨道上的 02.mp4 素材，在"工具栏"面板中点击"不透明度"按钮。

（23）在"不透明度"面板中设置"不透明度"为 60。接着使用同样的方法将"画中画"轨道上的所有素材（08.mp4 素材的前一秒除外）的"不透明度"都设置为 60。

（24）设置"画中画"轨道上所有素材的结束时间为第 4 秒。

（25）在"工具栏"面板中执行"特效"/"画面特效"/"投影"/"车窗影"命令。

（26）在"工具栏"面板中执行"特效"/"画面特效"/"复古"/"荧幕噪点Ⅱ"命令。

（27）在"视频"轨道上点击"片尾"，接着在"工具栏"面板中点击"删除"按钮。

（28）将时间线滑动至起始时间位置处，点击"音频"轨道上的"添加音频"按钮。

（29）在"工具栏"面板中点击"音乐"按钮。

（30）在"添加音乐"面板中点击"抖音"按钮。

（31）在"抖音"面板中选择合适的音乐，接着点击"使用"按钮。

（32）将时间线滑动至 4 秒位置处，接着点击"音频"轨道上的音频，在"工具栏"面板中点击"分割"按钮。

（33）点击分割后的音频的后半部分，在"工具栏"面板中点击"删除"按钮。

本例制作完成，效果见本例开始位置的展示图。

7.10 实例：制作芝士焗面美食短视频

扫码看视频

本例根据音频文件裁剪视频制作画面踩点效果，并使用"转场"工具使画面卡点效果更流畅，使用"文字模板"工具创建文字并制作文字动画，使用"文字朗读"工具制作音频。最后添加贴纸并制作封面丰富视频效果。

（1）将所有素材导入剪映 App。在"工具栏"面板中执行"音频"/"音乐"命令，在"搜索栏"中搜索并添加合适的音频，接着点击"使用"按钮。

（2）在"时间线"面板中点击音频文件，接着点击"踩点"按钮，在弹出的"踩点"面板中开启"自动踩点"功能，接着点击"踩节拍 I"按钮，然后点击 ☑（确定）按钮。

（3）分别将时间线滑动至 10 秒 05 帧位置处与 15 秒 01 帧位置处。在"时间线"面板中点击 1.mp4 素材，接着点击"分割"按钮，在"时间线"面板中只留下中间段视频。点击剩余的 1.mp4 素材，然后点击"删除"按钮。

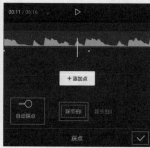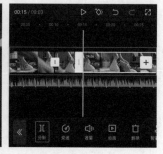

（4）分别将时间线滑动至 35 秒 15 帧位置处与 40 秒 17 帧位置处。在"时间线"面板中点击 2.mp4 素材，接着点击"分割"按钮，在"时间线"面板中只留下中间段视频。点击剩余的 2.mp4 素材，然后点击"删除"按钮。

（5）将时间线滑动到 12 秒 15 帧位置处，在"时间线"面板中点击 3.mp4 素材，接着点击"分割"按钮。点击"时间线"后方的 3.mp4 素材，点击"删除"按钮。

（6）使用同样的方法根据音乐踩点裁剪视频合适的持续时间，并设置 4.mp4 素材剪辑后的时长为 2.8s，5.mp4 素材剪辑后的时长为 2.3s，6.mp4 素材剪辑后的时长为 4.6s，7.mp4 素材剪辑后的时长为 2.3s，8.mp4 素材剪辑后的时长为 4.6s，9.mp4 素材剪辑后的时长为 5.1s，10.mp4 素材剪辑为 2 段（时长分别为 5.1s 和 1.8s），11.mp4 素材剪辑后的时长为 3.6s，12.mp4 素材剪辑后的时长为 2.3s，13.mp4 素材剪辑后的时长为 2.3s，14.mp4 素材剪辑后的时长为 13.1s。（需要注意的是，每段视频需要剪辑的位置不相同，根据视频实际情况剪辑即可。）

 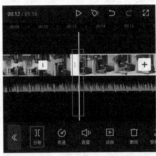 

（7）在"时间线"面板中点击 14.mp4 素材，将时间线滑动至 49 秒 17 帧位置处，点击 （添加关键帧）按钮。在"预览"面板中设置合适的大小与位置。

（8）将时间线滑动至 59 秒位置处，在"预览"面板中设置合适的大小与位置。

（9）将时间线滑动至 59 秒 09 帧位置处，接着点击"音频"轨道中的音频，在"工具栏"面板中点击"分割"按钮。点击分割后的音频的后半部分，然后点击"删除"按钮。

（10）在"时间线"面板中点击 1.mp4 与 2.mp4 素材中间的 ⊔（转场）按钮。

（11）在弹出的"转场"面板中执行"基础"/"叠化"命令，设置"持续时间"为 0.6s。

（12）在"时间线"面板中点击 2.mp4 与 3.mp4 素材中间的 ⊔（转场）按钮。在弹出的"转场"面板中执行"幻灯片"/"下移"命令。接着在 3.mp4 和 4.mp4 素材之间添加"下移"效果，在 4.mp4 和 5.mp4 素材之间添加"推近"效果，在 5.mp4 和 6.mp4 素材之间添加"拉远"效果，在 6.mp4 和 7.mp4 素材之间添加"拉远"效果，在 7.mp4 和 8.mp4 素材之间添加"拉远"效果，在 8.mp4 和 9.mp4 素材之间添加"叠化"效果，在 9.mp4 和 10.mp4 素材之间添加"叠化"效果，在 11.mp4 和 12.mp4 素材之间添加"向左"效果，在 12.mp4 和 13.mp4 素材之间添加"向右"效果，在 13.mp4 和 14.mp4 素材之间添加"顺时针旋转"效果。

（13）将时间线滑动至起始时间位置处。在"工具栏"面板中执行"文字"/"文字模板"命令。在"文字模板"面板中选择合适的文字模板，并在"预览"面板中设置合适的大小与位置。

（14）在"文字栏"中点击⬆按钮，接着输入合适的文字。

（15）在"时间线"面板中点击"文字模板"按钮，在"工具栏"面板中点击"文本朗读"按钮。在弹出的"音色选择"面板中执行"女声音色"/"小姐姐"命令。

（16）将时间线滑动至3秒13帧位置处。在"工具栏"面板中执行"文字"/"文字模板"命令。在"文字模板"中选择合适的文字模板，在"文字栏"中输入合适的文字。

（17）在"时间线"面板中点击刚刚添加的"文字模板"，在"工具栏"面板中点击"文本朗读"按钮。在弹出的"音色选择"面板中执行"女声音色"/"小姐姐"命令。

（18）在"时间线"面板中点击刚刚添加的文字模板，在"预览"面板中设置合适的大小与位置。

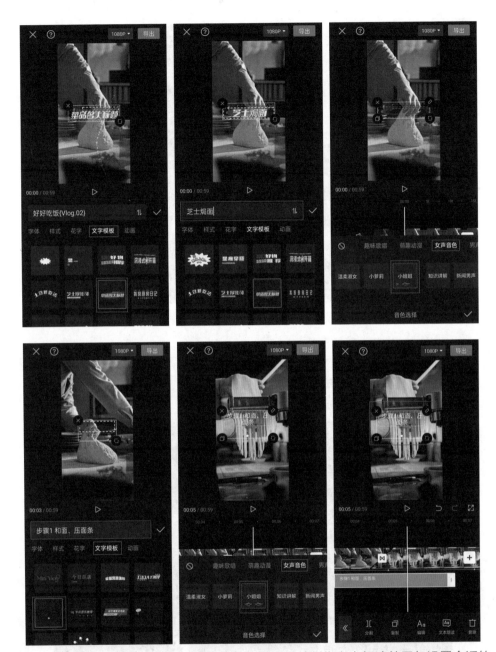

（19）使用同样的方法添加合适的文字模板，并制作文本朗读效果与设置合适的持续时间。滑动时间线查看此时的画面效果。

（20）将时间线滑动至 58 秒 14 帧位置处，在"工具栏"中执行"文字"/"添加贴纸"命令。

（21）在"搜索栏"中搜索"好味道"，接着选择合适的贴纸素材。

（22）在"时间线"面板中点击"贴纸"素材，接着在"预览"面板中设置合适的大小与位置。

（23）在"时间线"面板中设置贴纸素材的结束时间与视频结束时间相同。接着在"视频"轨道上点击"片尾"，在"工具栏"面板中点击"删除"按钮。

（24）在"时间线"面板中点击"设置封面"按钮。

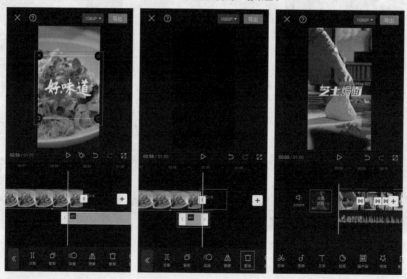

（25）点击"视频帧"按钮，滑动时间线至合适的位置处，接着点击"封面模板"按钮。

（26）在弹出的面板中点击"美食"按钮，接着选择合适的模板。

本例制作完成，效果见本例开始位置的展示图。

7.11　本章任务

选择一个自己擅长的方向或主题，拍摄几段视频，并使用剪映 App 进行剪辑。

读书笔记

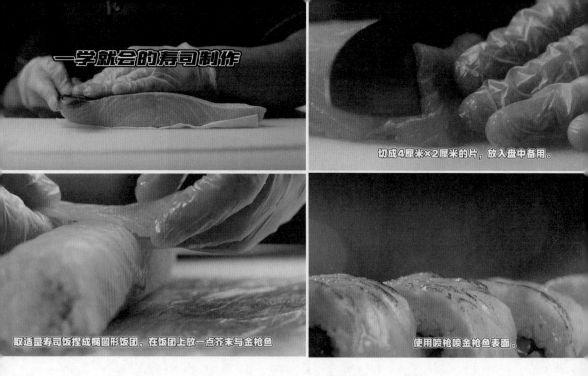

一学就会的寿司制作

切成4厘米×2厘米的片，放入盘中备用。

取适量寿司饭捏成椭圆形饭团，在饭团上放一点芥末与金枪鱼

使用喷枪喷金枪鱼表面。

第 8 章

使用剪映配音配乐

■ **本章要点**

　　声音是短视频作品中非常重要的部分，声音不仅可以起到润色视频的作用，还可以提升作品的情绪氛围感，如紧张、刺激、温柔、轻松。声音包括多种类型，如录制的原声、歌曲、音效等。剪映 App 中内置了很多歌曲、音效，可以轻松辅助我们进行视频创作。

8.1 认识音频工具

8.1.1 为视频添加合适的配乐

"音乐"工具用于在音乐库中寻找合适的配乐。

（1）选择素材并导入剪映 App，点击"音频"工具，将时间线滑动至合适的位置处，点击"音乐"按钮，在"添加音乐"面板中选择或搜索合适的音乐。

（2）点击"抖音"按钮，在"抖音"面板中选择合适的音乐，点击"使用"按钮。

（3）此时"音频"轨道上出现刚刚选择使用的音乐文件。

  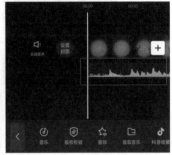

8.1.2 使用"音频"工具

"音频"工具栏中包括"音乐""版权校验""音效""提取音乐""抖音收藏"和"录音"工具。"音乐"工具栏中包括"音量""淡化""分割""踩点""删除""变速""降噪"和"复制"工具。

名称	"版权校验"工具	"音效"工具	"提取音乐"工具
功能	"版权校验"工具用于审核音频的版权，查看是否可对音频进行二次操作与使用	"音效"工具用于添加特殊的音频效果	"提取音乐"工具用于将视频素材中的音频单独提取出来

续表

名称	"版权校验"工具	"音效"工具	"提取音乐"工具
方法	添加音乐，在"音频"工具栏中点击"版权校验"按钮，在打开的面板中点击"开始校验"按钮即可进行校验	点击"音频"按钮，点击"音效"按钮。可点击合适的音效或在"搜索栏"中搜索音效进行使用	点击"音频"按钮，点击"提取音乐"按钮。选择合适的素材，点击"仅导入视频的声音"按钮
图示			

名称	"抖音收藏"工具	"录音"工具	"音量"工具
功能	"抖音收藏"用于将在抖音App中收藏的音频置入剪映App	"录音"工具用于录制声音作为音频	"音量"工具用于调整音频的音量大小，从而制作层次感丰富的效果
方法	点击"音频"按钮，点击"抖音收藏"按钮。在授权抖音权限后可查看在抖音App中收藏的音频	点击"音频"按钮，点击"录音"按钮，长按红色的录音按钮录制声音	点击音频将出现"音乐"工具栏。点击"音量"按钮，设置合适的"音量"值
图示			

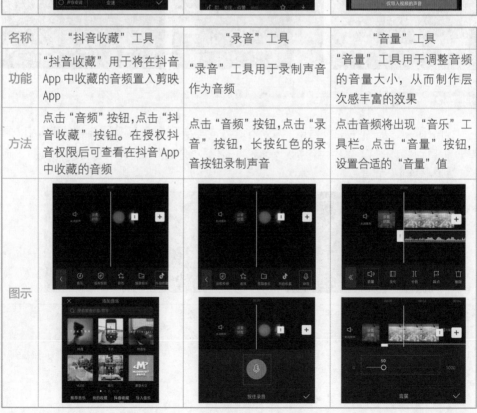

名称	"淡化"工具	"分割"工具	"踩点"工具
功能	"淡化"工具用于使音频产生逐渐出现与逐渐消失的效果	"分割"工具用于对音频进行切割处理	"踩点"工具用于在制作卡点视频时作为音乐鼓点的参考
方法	点击音频,在"音乐"工具栏中点击"淡化"按钮,设置"淡入时长"值	点击音频,将时间线滑动至合适的位置处,点击"分割"按钮即可将音频分割开	点击音频,点击"踩点"按钮,开启"自动踩点"功能,选择踩点方式即可为音频添加踩点标记
图示			

名称	"删除"工具	"变速"工具	"降噪"工具
功能	"删除"工具用于删除整体素材或分割后的素材	"变速"工具用于调整音频的整体速率或某一时间段的速率	"降噪"工具用于降低或消除杂音从而突出主体音频
方法	点击音频,点击"删除"按钮即可删除该音频	点击音频,点击"变速"按钮。在"变速"面板中设置速率,可点击选中"声音变调"单选按钮制作音频变速效果	点击音频,点击"降噪"按钮。在"降噪"面板中开启"降噪开关"
图示			

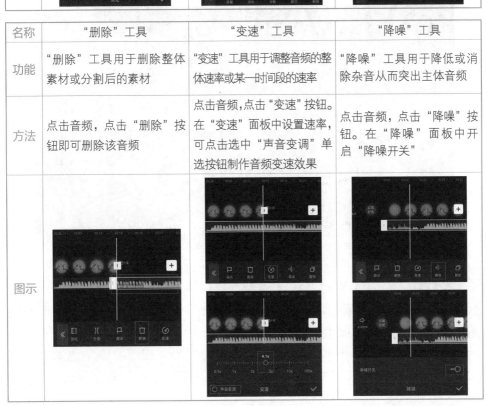

名称	"复制"工具
功能	"复制"工具用于对音频进行复制，方便再次操作
方法	点击音频，点击"复制"按钮即可完成复制
图示	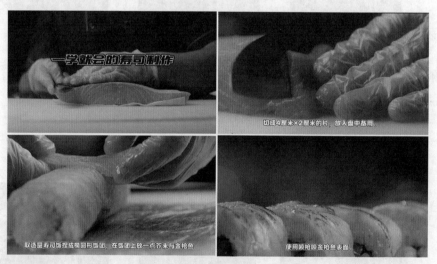

8.2 实例：文字转语音制作美味寿司短视频

本例在剪映 App 中通过创建文字制作文字效果并将文字转为音频。

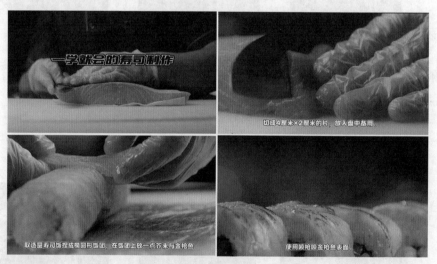

扫码看视频

（1）将所有素材依次导入剪映 App。

（2）将时间线滑动至 5 秒位置处，在"视频"轨道上点击 01.mp4 素材，点击"工具栏"面板中的"分割"按钮。点击时间线后方的 01.mp4 素材，将其删除。

（3）将时间线滑动至 9 秒位置处，在"视频"轨道上点击 02.mp4 素材，点击"工具栏"面板中的"分割"按钮。点击时间线后方的 02.mp4 素材，将其删除。

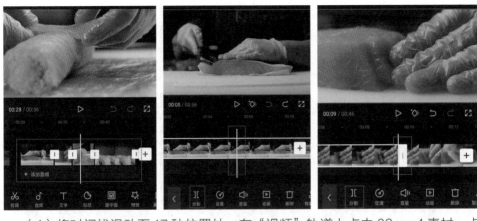

（4）将时间线滑动至 17 秒位置处，在"视频"轨道上点击 03.mp4 素材，点击"工具栏"面板中的"分割"按钮。点击时间线后方的 03.mp4 素材，将其删除。

（5）将时间线滑动至 21 秒位置处，在"视频"轨道上点击 04.mp4 素材，点击"工具栏"面板中的"分割"按钮。点击时间线后方的 04.mp4 素材，将其删除。

（6）在"工具栏"面板中执行"文字"/"新建文本"命令。

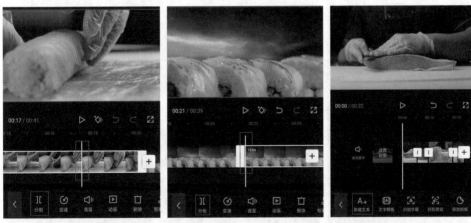

（7）输入合适的文本，在"字体"面板中选择一款合适的字体。

（8）在"样式"面板中点击"排列"按钮，设置"缩放"为 24。

（9）在"花字"面板中点击"全部"按钮，选择合适的花字效果。

 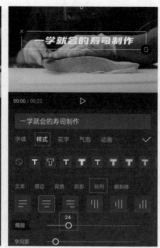 

（10）在"文字"轨道上点击文字图层，执行"动画"/"出场动画"/"模糊"命令，并设置合适的持续时间。

（11）在"文字"轨道上点击文字图层，在"工具栏"面板中点击"文本朗读"按钮。

（12）在"音色选择"面板中执行"女声音色"/"小姐姐"命令。

  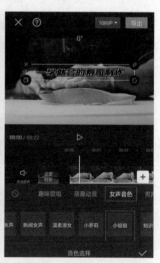

（13）在"文字"轨道上点击文字图层，设置文字的结束时间与朗读的音频时间相同。

（14）将时间线滑动至合适的位置处，在"工具栏"面板中点击"新建文本"按钮。

（15）输入合适的文本，在"字体"面板中点击"中文"按钮并选择合适的字体。在"预览"面板中将文字移动至视频下方位置处。

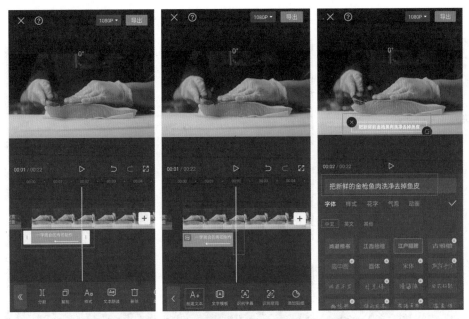

（16）在"样式"面板中点击"排列"按钮，设置"缩放"为2。

（17）在"花字"面板中点击"全部"按钮，选择合适的花字效果。

（18）在"文字"轨道上点击文字图层，然后点击"文本朗读"按钮。

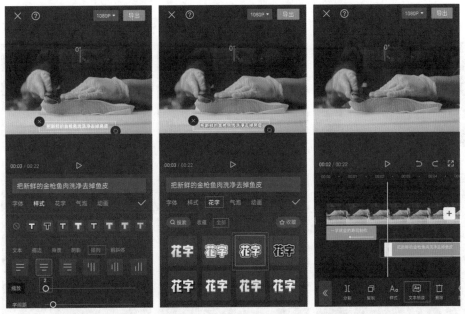

（19）在"音色选择"面板中执行"女声音色"/"小姐姐"命令。

（20）在"文字"轨道上点击文字图层，设置文字的结束时间与朗读的音频时间
相同。

（21）将时间线滑动至合适的位置处，然后点击"新建文本"按钮。

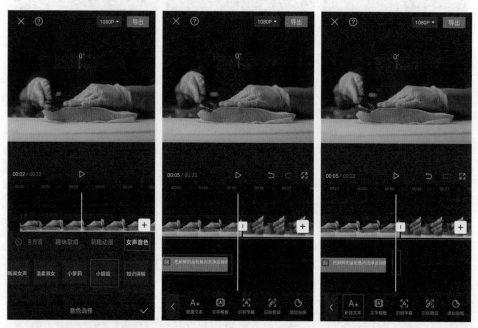

（22）输入合适的文本，在"字体"面板中点击"中文"按钮并选择合适的字体。

（23）在"样式"面板中点击"排列"按钮，设置"缩放"为2。

（24）在"花字"面板中点击"全部"按钮，选择合适的花字效果。

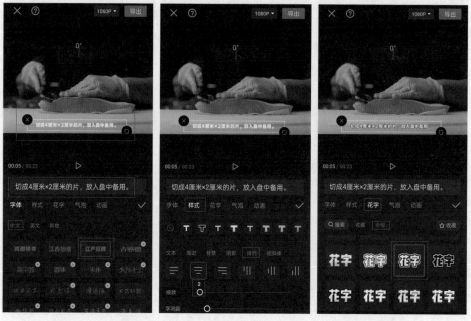

（25）在"文字"轨道上点击文字图层，然后点击"文本朗读"按钮。

（26）在"音色选择"面板中执行"女声音色"/"小姐姐"命令。

（27）在"文字"轨道上点击文字图层，设置文字的结束时间与朗读的音频时间相同。

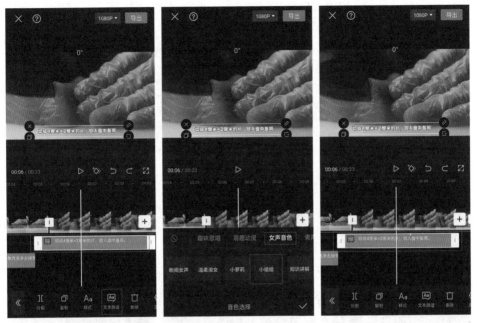

（28）使用同样的方法制作剩余的文字与音频。

（29）在"视频"轨道上点击 01.mp4 与 02.mp4 素材中间的 ⌐（转场）按钮。

（30）在"转场"面板中点击"基础转场"按钮，选择"叠化"效果。

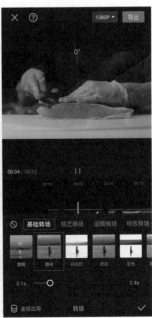

（31）在"视频"轨道上点击 02.mp4 与 03.mp4 素材中间的 ⊥（转场）按钮。

（32）在"转场"面板中点击"基础转场"按钮，选择"叠化"效果。

（33）在"视频"轨道上点击 03.mp4 与 04.mp4 素材中间的 ⊥（转场）按钮。

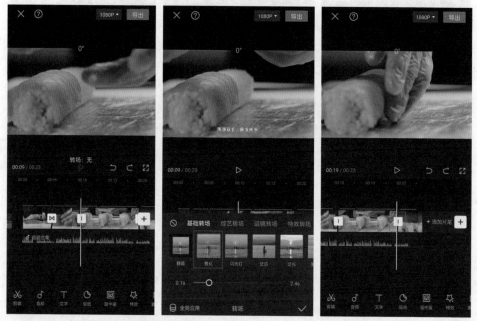

（34）在"转场"面板中点击"基础转场"按钮，选择"叠化"效果。

（35）在"视频"轨道上点击"片尾"，接着在"工具栏"面板中点击"删除"按钮。
本例制作完成，效果见本例开始位置的展示图。

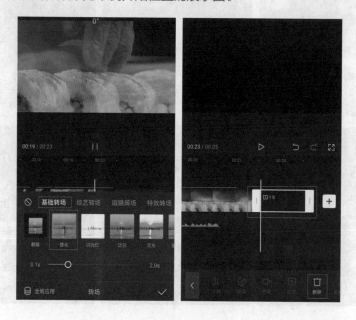

8.3　实例：音频的淡入

本例在剪映 App 中为作品添加音频，并应用"淡化"工具制作声音淡入效果。

（1）将人像.mp4 素材导入剪映 App。在"工具栏"面板中执行"音频"/"音效"命令。

（2）点击 BGM 按钮，选择合适的音效。

（3）将时间线滑动至合适的位置，点击"音频"轨道上的音效素材，在"工具栏"面板中点击"分割"按钮。将分割后的时间线后方的部分删除。

扫码看视频

（4）在"工具栏"面板中点击"音乐"按钮。

（5）在"添加音乐"面板中点击"轻快"按钮，在"轻快"面板中选择合适的音频。

（6）在"音频"轨道上点击刚刚添加的音频，在"工具栏"面板中点击"淡化"按钮。

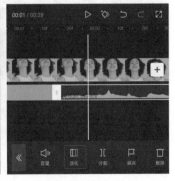

（7）在"淡化"面板中设置"淡入时长"为1.5s。

（8）在"视频"轨道上点击"片尾"，接着在"工具栏"面板中点击"删除"按钮。

（9）将时间线滑动至视频结束位置处，在"音频"轨道上点击音频，在"工具栏"面板中点击"分割"按钮。最后删除时间线后方的音频部分。

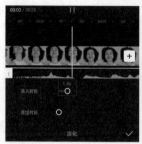 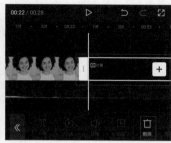 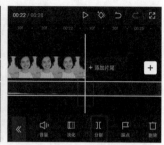

8.4 实例：录音工具

扫码看视频

本例在剪映App中首先使用"录音"工具录制音频；然后使用"降噪"工具突出人的声音，并使用"识别字幕"工具识别音频中的文字，从而制作文字效果；最后使用"滤镜"工具调整画面色相、色调等。

（1）将花田.mp4素材导入剪映App。在"工具栏"面板中点击"音频"按钮。

（2）在"工具栏"面板中点击"录音"按钮。

（3）在"录音"面板中长按红色的录音按钮录制合适的声音，然后选择录制的声音，适当增大"音量"，如果噪声过大，可以执行"降噪"命令对声音进行处理。

（4）将时间线滑动至起始时间位置处，在"工具栏"面板中点击"文字"按钮。

（5）在"工具栏"面板中点击"识别字幕"按钮。

（6）在弹出的"自动识别字幕"面板中选中"全部"单选按钮并点击"开始识别"按钮。

 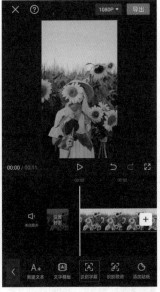 

（7）此时文字已被识别出来，点击"文字"轨道上的文字，在"工具栏"面板中点击"批量编辑"按钮。

（8）在弹出的面板中点击文字,点击"字体"按钮,接着设置一款合适的字体效果。

（9）点击"样式"按钮,在"样式"面板中取消"文字描边"效果。

（10）点击"排列"按钮,设置"缩放"为51。

（11）在"工具栏"面板中点击"滤镜"按钮。

（12）在"滤镜"面板中点击"风景"按钮,选择"绿研"效果,最后删除"片尾"。

本例制作完成,效果见本例开始位置的展示图。

8.5 本章任务

使用剪映 App 中的"录音"功能为自己拍摄的视频添加合适的音乐、音效，制作丰富的声音效果。

读书笔记

第 9 章

使用剪映为视频调色

■ **本章要点**

　　剪映 App 的调色功能非常强大，不仅可以对错误的颜色（即色彩方面存在的不合理的展示效果，如曝光过度、亮度不足、画面偏灰、色调偏色等）进行校正，而且可以通过滤镜一键增强画面的视觉效果，丰富画面情感，打造出风格化的色彩。

9.1　认识强大的调色功能

调色是后期处理的"重头戏"。一幅作品的颜色能够在很大程度上影响观者的心理感受。例如，同样一张食物的照片，以不同的饱和度进行展示，哪张看起来更美味？对于美食照片来说，通常饱和度高一些看起来会更美味。的确，色彩能够美化照片，同时色彩也具有强大的"欺骗性"。

同样一张"行囊"的照片，以不同的颜色进行展示，其表现出的或是旅游途中的轻松愉快，或是探险途中的悬疑与未知。

9.2　手动"调节"颜色

剪映 App 中主要有两种调色方式："调节"和"滤镜"。"调节"功能可对画面的亮度、对比度、饱和度等参数进行详细的调整。

（1）选择素材，在下方可以看到"调节"和"滤镜"两个按钮。点击"调节"按钮。

（2）适当调整对比度、饱和度和 HSL 的参数。

9.3　使用"滤镜"一键调色

　　"滤镜"功能可以方便地一键打造出独具风格的色彩。选择素材，点击一款滤镜效果即可快速调色。

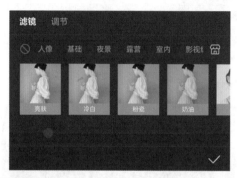

　　（1）导入并选择视频素材，点击"滤镜"按钮。

　　（2）点击选择一款合适的滤镜效果。

9.4　实例：经典美食调色通用技巧

本例使用"调节"工具调整画面的亮度、对比度、饱和度、锐化、色温、色调参数。

扫码看视频

（1）将美食.mp4素材导入剪映App。

（2）在"视频"轨道上选中素材，在"工具栏"面板中点击"调节"按钮。在"调节"面板中点击"亮度"按钮，设置"亮度"为10。

（3）点击"对比度"按钮，设置"对比度"为23。

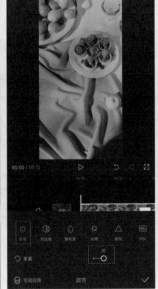
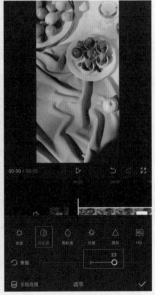

（4）点击"饱和度"按钮，设置"饱和度"为26。

（5）点击"锐化"按钮，设置"锐化"为25；点击"色温"按钮，设置"色温"为 –20。

（6）点击"色调"按钮，设置"色调"为10。最后添加合适的配乐完成作品。

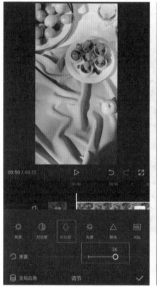

9.5　实例：红色花海色调

本例在剪映 App 中使用"速率"工具制作变速效果，使用"调节"工具调整画面的色相并设置合适的音乐制作画面效果。

扫码看视频

（1）将调色 .mp4 素材导入剪映 App。选中该素材，在"工具栏"面板中点击"调节"按钮。点击"对比度"按钮，设置"对比度"为 7。

（2）点击"饱和度"按钮，设置"饱和度"为 4。

（3）点击"光感"按钮，设置"光感"为 -9。

（4）点击"锐化"按钮，设置"锐化"为 10。

（5）点击 HSL 按钮，点击红色按钮，设置"色相"为 13，"饱和度"为 11，"亮度"为 32。

（6）点击"橙色"按钮，设置"色相"为 -88，"饱和度"为 61，"亮度"为 -30。

（7）点击"黄色"按钮，设置"色相"为 -18，"饱和度"为 -12，"亮度"为 -32。

（8）点击"高光"按钮，设置"高光"为 12。

（9）点击"色温"按钮，设置"色温"为12。

（10）点击"色调"按钮，设置"色调"为9。

（11）选中该素材，在"工具栏"面板中执行"变速"/"曲线变速"命令。

（12）点击"自定"面板，点击"创建点"按钮，设置合适的速率。

  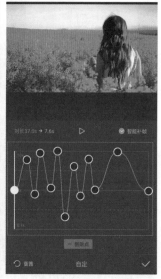

（13）将时间线滑动至起始时间位置处，执行"音频"/"音乐"命令并添加合适的音频。

（14）将时间线滑动至与视频文件结束时间相同的位置处，在"工具栏"面板中点击"分割"按钮，并删除后半部分音频。

（15）在"工具栏"面板中执行"文字"/"识别歌词"命令。

（16）在弹出的"识别歌词"面板中点击"开始识别"按钮。

（17）在"文字"轨道上点击任意文字，在"工具栏"面板中点击"批量编辑"按钮，接着在弹出的面板中点击任意文字。

（18）识别歌词会产生文字误差，可以在文字栏中修改文字内容，并在"字体"面板中设置合适的字体。

（19）点击"样式"按钮，取消描边效果。

（20）点击"排列"按钮，设置"排列"为居中对齐，设置"字号"为40。设置完成后点击空白位置。

（21）在"文字"轨道上点击选择最后一段文字，在"工具栏"面板中点击"动画"按钮。

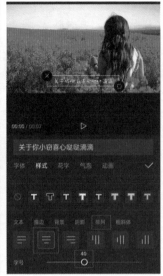
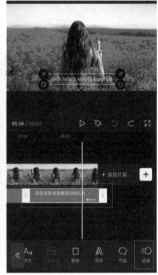

（22）点击"出场动画"按钮，在"出场动画"面板中选择"渐隐"效果。

（23）点击"视频"轨道上的调色.mp4素材，在"工具栏"面板中点击"动画"按钮。

（24）点击"出场动画"按钮。

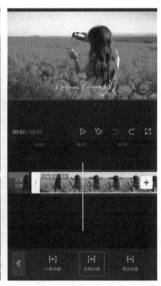

（25）在"出场动画"面板中选择"渐隐"效果。

（26）点击"音频"轨道上的音频文件，在"工具栏"面板中点击"淡化"按钮。

（27）在"淡化"面板中设置"淡出时长"为1.3s。在"视频"轨道上点击"片尾"，接着在"工具栏"面板中点击"删除"按钮。

本例制作完成，效果见本例开始位置的展示图。

9.6 实例：唯美清新色调

本例在剪映App中使用"速率"工具制作变速效果，使用"调节"工具调整画面的色相，然后设置合适的音乐制作画面效果。

扫码看视频

（1）将清新.mp4素材导入剪映App。在"工具栏"面板中点击"滤镜调色"按钮。

（2）在"滤镜"面板中点击"风景"按钮，选择"仲夏"效果。

（3）选中素材，点击"调节"按钮，在"调节"面板中点击"对比度"按钮，设置"对比度"为17。

（4）点击"光感"按钮，设置"光感"为 15。

（5）点击"锐化"按钮，设置"锐化"为 23。

（6）点击"色温"按钮，设置"色温"为 -15。

（7）点击"色调"按钮，设置"色调"为 19。

（8）点击"高光"按钮，设置"高光"为 12。

（9）在"视频"轨道上选中素材，在"工具栏"面板中点击"变速"按钮。

（10）在"变速"面板中点击"曲线变速"按钮。

（11）在"曲线变速"面板中点击"自定"按钮。

（12）在"自定"面板中添加锚点并调整锚点位置制作变速效果。最后添加合适的配乐，完成作品的制作，效果见本例开始位置的展示图。

9.7　实例：电影感色调

本例在剪映 App 中使用"滤镜"工具选择合适的滤镜制作出电影感色调，并使用"特效"工具选择合适的特效。

扫码看视频

（1）将电影 .mp4 素材导入剪映 App。选中素材，在"工具栏"面板中点击"滤镜"按钮。

（2）在"滤镜"面板中点击"影视级"按钮，选择"青黄"效果。设置"滤镜混合"为 90。

（3）选中素材，在"工具栏"面板中点击"调节"按钮。

（4）在"调节"面板中点击 HSL。

（5）在 HSL 面板中点击"橘色"按钮，设置"饱和度"为 50。

（6）点击"色温"按钮，设置"色温"为 -15。

（7）点击"色调"按钮，设置"色调"为 -10。

（8）将时间线滑动至起始时间位置处，取消选中素材，并点击"特效"按钮。

（9）在"特效"面板中点击"画面特效"按钮。

（10）在"基础"面板中选择"模糊开幕"特效。

（11）点击"作用对象"按钮。

（12）在"作用对象"面板中点击"全局"按钮。

本例作品制作完成，效果见本例开始位置的展示图。

  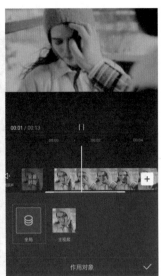

9.8　实例：黑金色调

　　本例在剪映 App 中使用"滤镜"工具选择合适的滤镜，并使用"调节"工具调整画面的色相、色调的画面效果制作黑金色调。

扫码看视频

　　（1）将素材.jpg 素材导入剪映 App。选中素材，在"工具栏"面板中点击"滤镜"按钮。

（2）在"滤镜"面板中点击"精选"按钮，选择"黑金"效果。

（3）设置"滤镜混合"为100，接着点击 ✓（确定）按钮。

（4）点击"调节"按钮，在"调节"面板中点击"对比度"按钮，设置"对比度"为15。

（5）点击"饱和度"按钮，设置"饱和度"为6。

（6）点击"锐化"按钮，设置"锐化"为6。作品调色完成，效果见本例开始位置的展示图。

9.9　本章任务

　　将自己拍摄的视频通过剪映 App 中的"调节"和"滤镜"两种工具分别制作出两种不同的画面色调风格。

读书笔记

暮光
晚霞

第 10 章

使用剪映添加文字

■ 本章要点

　　文字是最直观的视觉内容之一，在剪映 App 中为短视频添加文字的方法有很多，除了可以手动新建文本，还可以使用文字模板快速修改文字、识别字幕将语音转为字幕、识别歌词、添加贴纸等。

10.1　在视频中添加文字

文字是视频制作中重要的组成部分，文字可以更加直观、更加具体地传达视频中的内容。在剪映 App 中可制作出花字与文字动画等效果。"文字"工具包括"新建文本""文字模板""识别字幕""识别歌词"和"添加贴纸"。

"新建文本"用于创建文字并设置文字大小、颜色、动画等效果，可制作文字的大部分效果。包括"字体""样式""花字""气泡"和"动画"。

（1）在"工具栏"面板中执行"文字"/"新建文本"命令。

（2）输入合适的文字并在"字体"面板中设置合适的字体。

（3）进入"样式"面板，适当设置"排列""描边""阴影"等参数。

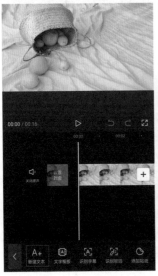
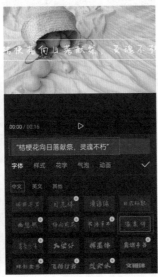
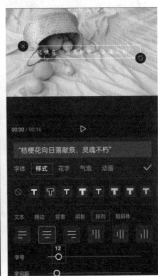

10.2　套用漂亮的文字模板

"文字模板"中已经预设好文字，包含动画、文字内容等，可快速制作出创意文字的效果。

（1）在"工具栏"面板中执行"文字"/"文字模板"命令。

（2）选择一款合适的模板。

（3）输入需要的文字内容。

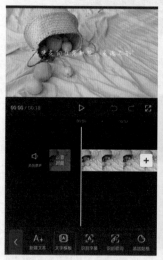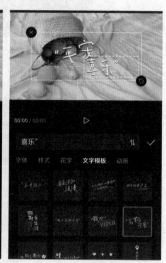

10.3　自动生成字幕

"识别字幕"是指将音频文件中的内容转为文字。可快速、批量地创建文字并设置字体等。

（1）当"音频"轨道上已有音频,在"工具栏"面板中执行"文字"/"识别字幕"命令。

（2）在弹出的"自动识别字幕"面板中选中"全部"单选按钮,点击"开始识别"按钮。

（3）此时在"文字"轨道上已经出现刚刚识别到的文字,在"预览"面板中会显示识别到的文字。

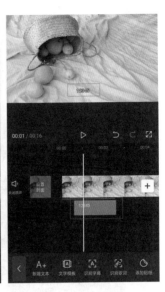

10.4　自动生成歌词

"识别歌词"是指将音频文件中的歌词转为文字。可快速、批量地创建文字并设置字体等。

（1）添加音频文件后，在"工具栏"面板中执行"文字"/"识别歌词"命令。

（2）在弹出的"识别歌词"面板中点击"开始识别"按钮。

（3）此时在"文字"轨道上已经出现刚刚识别到的歌词，在"预览"面板中会显示识别到的歌词。

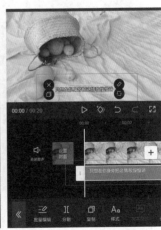

10.5　实例：制作镂空的文字

本例在剪映 App 中创建文字并使用关键帧创建动画，使用"画中画"工具搜索素材，设置"混合模式"制作出镂空文字效果，使用"蒙太奇"制作画面变速效果。

扫码看视频

（1）将黑色背景 .jpg 素材导入剪映 App。取消选中素材，在"工具栏"面板中执行"文字"/"新建文本"命令。

（2）输入合适的文字内容，并设置合适的字体。

（3）点击"样式"按钮，设置"排列"为竖排居中对齐，"字号"为87。

（4）点击"文字"轨道，将时间线滑动至起始时间位置处，将文字向下拖动直到可以看到起始文字，然后点击"添加关键帧"按钮。

（5）将时间线滑动至结束时间位置处，点击"添加关键帧"按钮，将文字向上拖动直到可以看到结束文字，此时文字产生了缓缓向上移动的动画效果。

（6）在"视频"轨道上点击"片尾"，点击"删除"按钮，并点击右上角的"导出"按钮 导出 ，将当前文字视频导出。重新打开剪映 App，接着将人像 .mp4 素材导入剪映 App。

（7）在"工具栏"面板中执行"画中画"/"新增画中画"命令。

（8）点击"照片视频"按钮，添加刚导出的文字视频，接着点击"添加"按钮。

（9）将文字缩放到与素材同等大小，点击"画中画"面板中的文字，在"工具栏"中点击"混合模式"按钮。

（10）在"混合模式"面板中选择"变暗"效果。

（11）在"画中画"轨道上点击素材，接着在"工具栏"面板中执行"变速"/"曲线变速"/"蒙太奇"命令，点击进行编辑。

（12）调整点的位置，使视频速率产生节奏感变化效果。

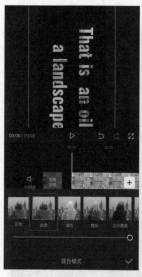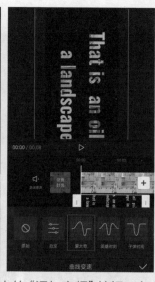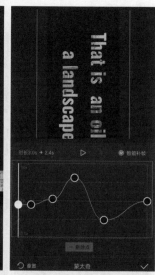

（13）点击"音频"轨道上的"添加音频"按钮。在"工具栏"面板中执行"音乐"/VLOG 命令，在弹出的 VLOG 面板中添加合适的音乐。

（14）在"视频"轨道上点击"片尾"，接着在"工具栏"面板中点击"删除"按钮。

（15）将时间线滑动至与"视频"轨道相同的结束时间，接着点击"音频"轨道上的音频文件，在"工具栏"面板中点击"分割"按钮，删除分割后时间线后方的音频。

本例制作完成，效果见本例开始位置的展示图。

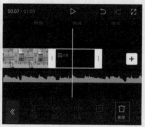

10.6 实例：在人物后方添加文字

本例通过在剪映 App 中的"画中画"轨道上点击"智能抠像"按钮制作出在人

物后方添加文字的效果。

（1）将黑色背景.jpg 素材导入剪映 App。取消选中素材，在"工具栏"面板中点击"文字"按钮。

（2）点击"新建文本"按钮。

（3）输入文字"滑雪大冒险"，并设置一款合适的字体。

扫码看视频

（4）点击"样式"按钮，设置"排列"为竖排居中对齐，"缩放"为 69。

（5）在"视频"轨道上点击"片尾"，接着在"工具栏"面板中点击"删除"按钮。点击右上角的"导出"按钮 导出 导出文字素材。

（6）重新打开剪映 App，将滑雪.mp4 素材导入剪映 App，接着在"工具栏"面板中点击"画中画"按钮。

（7）将时间线滑动至15帧位置处，点击"新增画中画"按钮。点击"照片视频"按钮，找到刚刚制作好的文字视频，接着点击"添加"按钮。

（8）点击"画中画"轨道上的文字，将素材缩放到合适的大小。在"工具栏"面板中点击"混合模式"按钮。

（9）在"混合模式"面板中选择"滤色"效果。

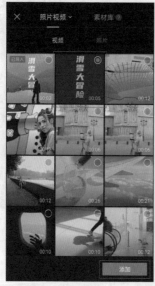
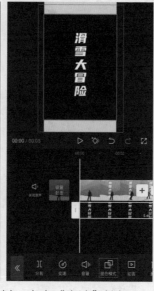

（10）点击滑雪.mp4素材，点击"变速"按钮。

（11）在"变速"面板中点击"曲线变速"按钮。

（12）在"曲线变速"面板中选择"英雄时刻"效果。

（13）点击"视频"轨道上的滑雪 .mp4 素材，在"工具栏"面板中点击"复制"按钮。

（14）选中"视频"轨道上刚刚复制的滑雪 .mp4 素材。在"工具栏"面板中点击"切画中画"按钮。

（15）按住刚复制的素材并拖动到文字下方的"画中画"轨道上，并与"视频"轨道上的素材对齐。

（16）点击"画中画"轨道上的滑雪 .mp4 素材，在"工具栏"面板中点击"智能抠像"按钮，然后会自动将人物抠出来。此时文字出现在人物后方。

（17）设置"视频"轨道和"画中画"轨道上的滑雪 .mp4 素材与文字视频的结束时间相同。

（18）将时间线滑动至起始时间位置处，点击"音频"轨道上的"添加音频"按钮。

（19）在"工具栏"面板中点击"音乐"按钮。

（20）在"添加音乐"面板中点击"卡点"按钮。

（21）在"卡点"面板中选择合适的音乐，接着点击"使用"按钮。

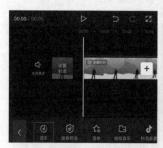  

（22）在"视频"轨道上点击"片尾"，接着在"工具栏"面板中点击"删除"按钮。

（23）将时间线滑动至与"视频"轨道上的素材相同的结束时间位置处，接着点击"音频"轨道上的音频文件，在"工具栏"面板中点击"分割"按钮。

（24）点击分割后的音频的后半部分，在"工具栏"面板中点击"删除"按钮。本例制作完成，效果见本例开始位置的展示图。

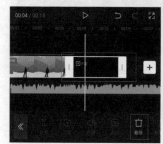 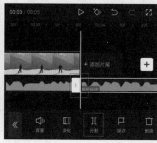 

10.7　实例：制作视频封面

本例学会在剪映 App 中设置视频封面效果。

扫码看视频

（1）将风景 .mp4 素材导入剪映 App。

（2）在"工具栏"面板中点击"音频"按钮。

（3）在"音频"面板中点击"音乐"按钮。

（4）在"添加音乐"面板中点击 VLOG 按钮，接着在 VLOG 面板中选择合适的音频文件，然后点击"使用"按钮。

（5）在"视频"轨道上点击"片尾"，接着在"工具栏"面板中点击"删除"按钮。

（6）将时间线滑动至视频结束位置处，点击"分割"按钮。

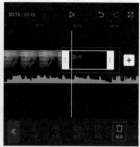
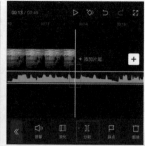

（7）在"音频"面板中点击时间线后方的音频文件，在"工具栏"面板中点击"删除"按钮。

（8）在"视频"轨道前点击"设置封面"按钮。

（9）点击"添加文字"按钮。

（10）输入合适的文字，在"字体"面板中点击"中文"按钮，设置合适的字体。

（11）在"样式"面板中点击"背景"按钮，设置"背景"颜色为黄色。

（12）点击"排列"按钮，设置"字号"为50。设置完成后，点击"保存"按钮。本例制作完成，效果见本例开始位置的展示图。

10.8 实例：芭蕾舞演员的一天

本例在剪映 App 中的"画中画"轨道上使用"变速"工具制作素材画面，并创建文字与贴纸制作出常用的文字效果。

（1）将黑色背景 .jpg 素材导入剪映 App。点击"视频"轨道，设置"持续时间"为 10.5s。

（2）在"工具栏"面板中执行"画中画"/"新增画中画"命令。

（3）在"照片视频"面板中点击"视频"按钮，点击选择 01.mp4 素材，点击"添加"按钮。

扫码看视频

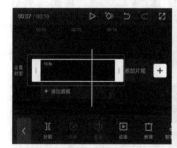

（4）适当调整素材大小。在"工具栏"面板中执行"变速"/"常规变速"命令，并设置数值为 2.0x。

（5）将时间线滑动至 2 秒位置处，在"工具栏"面板中点击"分割"按钮。

（6）在"画中画"轨道上点击"分割"按钮，分割 01.mp4 素材，选中分割后时间线后方的部分，在"工具栏"面板中点击"删除"按钮。

（7）点击"新增画中画"按钮。在"照片视频"面板中点击"视频"按钮，点击选择 02.mp4 素材，然后点击"添加"按钮。

（8）在"工具栏"面板中执行"变速"/"常规变速"命令，并设置数值为2.0x。

（9）将时间线滑动至4秒位置处，在"工具栏"面板中点击"分割"按钮。

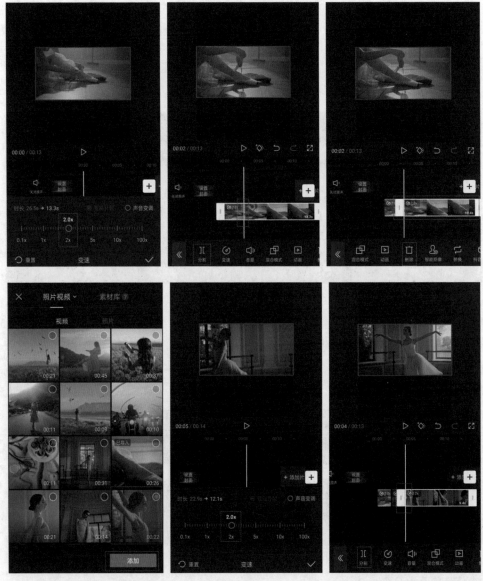

（10）在"画中画"轨道上点击分割后的02.mp4素材的后半部分，在"工具栏"面板中点击"删除"按钮。

（11）点击"新增画中画"按钮。在"照片视频"面板中点击"视频"按钮，点击选择03.mp4素材，然后点击"添加"按钮。

（12）在"工具栏"面板中执行"变速"/"常规变速"命令，并设置数值为2.0x。

（13）将时间线滑动至 7 秒位置处，在"工具栏"面板中点击"分割"按钮。

（14）在"画中画"轨道上点击分割后的 03.mp4 素材的后半部分，在"工具栏"面板中点击"删除"按钮。

（15）使用同样的方式制作其他素材。

（16）在"工具栏"面板中执行"文字"/"新建文本"命令。输入需要的文字，并设置合适的字体。

（17）将文字拖动到合适的位置处，在"样式"面板中设置"排列"为居中对齐，

"缩放"为 32。

（18）在"背景"面板中点击选择橘色。

  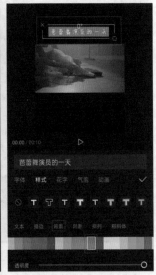

（19）设置文字的结束时间与视频的结束时间相同。

（20）在"工具栏"面板中点击"贴纸"按钮。

（21）在"热门"面板中选择"花朵"贴纸，摆放至下方并调至合适的大小。

（22）设置贴纸的结束时间与视频的结束时间相同，最后添加合适的音频。

本案例制作完成，效果见本例开始位置的展示图。

10.9 本章任务

为自己拍摄好的视频添加合适的文字。

读书笔记

第 11 章
玩转剪映的炫酷特效

■ 本章要点

　　本章将学习剪映 App 中的特效功能，包括画面特效和人物特效两种。通过本章的学习，我们可以为作品添加具有奇思妙想的特效效果，使得视频画面更丰富、更有趣。

11.1　一键为画面添加特效

特效是剪映 App 中强大的功能，可以为视频添加特效使视频产生特殊的画面效果。特效能够丰富画面并突出画面内容，从而达到为视频锦上添花的效果。剪映 App 中的特效包括"画面特效"和"人物特效"。

"画面特效"中包含多种画面效果，用于为画面添加不同氛围感的效果，通过添加特效可以快速制作视频画面效果。

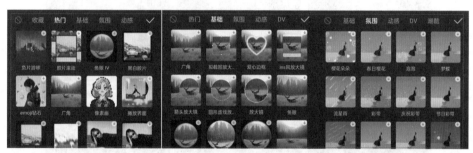

（1）导入任意素材，在"工具栏"面板中执行"特效"/"画面特效"命令。

（2）选择任意一款特效，如添加"自然"面板中的"烟雾"特效。

（3）滑动时间线即可看到画面中出现了动态烟雾特效。

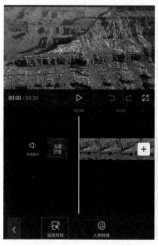

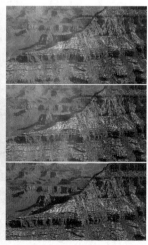

11.2　有趣的人物特效

"人物特效"包含了可用于人物脸部和身体的特效，使用"人物特效"还可以用图形遮挡画面中某一部分。

（1）导入任意人物素材，在"工具栏"面板中执行"特效"/"人物特效"命令。

（2）选择任意一款特效，如添加"情绪"面板中的"好吃"特效，点击"调整参数"按钮。

（3）在"调整参数"面板中设置参数。

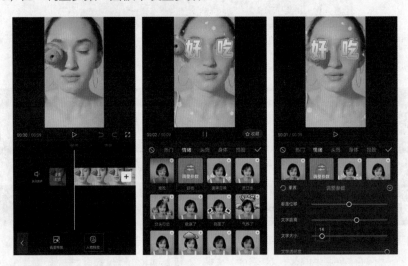

11.3　实例：智能美体瘦身很简单

本例在剪映 App 中使用"美颜美体"工具制作人像美体效果。

扫码看视频

（1）将背影 .mp4 素材导入剪映 App。在"工具栏"面板中点击"剪辑"按钮。

（2）使用"美颜美体"工具将人物身材变得更修长。在"工具栏"面板中点击"美颜美体"按钮。

（3）在"美颜美体"面板中点击"智能美体"按钮。

（4）在"智能美体"面板中点击"瘦身"按钮，设置"瘦身"为 70，此时人物变瘦。

（5）点击"长腿"按钮，设置"长腿"为 80，此时人物的腿变长。

（6）点击"瘦腰"按钮，设置"瘦腰"为 40，此时人物的腰变细。最后添加合适的音乐。

本例制作完成，效果见本例开始位置的展示图。

11.4 实例：炫酷的照片运镜特效

扫码看视频

本例通过"复制"多个素材并设置不同的持续时间，然后使用"动画""抖音玩法""特效"为画面制作动感效果，使用"淡化"制作出音频渐隐的效果，最终完成炫酷的照片空间感的运镜特效。

（1）将人像.jpg 素材导入剪映 App。取消选中素材，并在"工具栏"面板中点击"比例"按钮。

（2）点击 9：16 按钮，设置画面尺寸为抖音常用尺寸。

（3）选中素材，并在"工具栏"面板中点击"复制"按钮。

（4）再次复制素材，此时共 3 个素材。设置第 2 个素材的时长为 3 秒 05 帧，设置第 3 个素材的时长为 3 秒 06 帧。

（5）点击前 2 个素材中间的 ⌐（转场）按钮。

（6）在弹出的"转场"面板中点击"基础转场"按钮，选择"泛光"效果并设置持续时间为 0.5 s 。

（7）点击"视频"轨道上的第 1 个素材，在"工具栏"面板中点击"动画"按钮。

（8）在"动画"面板中点击"组合动画"按钮。

（9）在"组合动画"面板中选择"旋转缩小"效果。

（10）点击"视频"轨道上的第1个素材，在"工具栏"面板中点击"抖音玩法"按钮。

（11）在"抖音玩法"面板中选择"油画玩法"效果。

（12）点击"视频"轨道上的第2个素材，在"工具栏"面板中执行"抖音玩法"/"3D运镜"命令。

（13）将时间线滑动至起始时间位置处，在"工具栏"面板中点击添加合适的"动感"音频。

（14）在"视频"轨道上点击"片尾"，接着在"工具栏"面板中点击"删除"按钮。

（15）不选中任何素材，在"工具栏"面板中点击"特效"按钮。

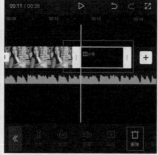
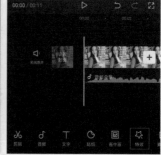

（16）在"特效"面板中点击"画面特效"按钮。

（17）在"画面特效"面板中点击"动感"按钮，选择"蹦迪光"特效。

（18）将时间线滑动至与"视频"轨道相同的结束时间位置处，接着点击"音频"轨道上的音频文件，在"工具栏"面板中点击"分割"按钮。

  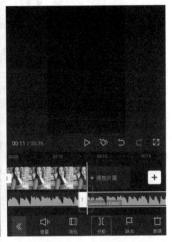

（19）点击分割后的音频的后半部分，在"工具栏"面板中点击"删除"按钮。

（20）在"工具栏"面板中点击"淡化"按钮。

（21）在"淡化"面板中设置"淡出时长"为1.7s。

本例制作完成，效果见本例开始位置的展示图。

 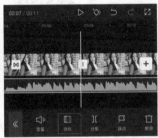 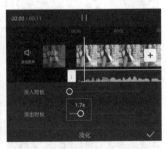

11.5 实例：漫画效果

本例使用"定格"制作出画面定格效果，使用"特效"为画面添加漫画效果，最后添加音效与音乐完成卡通动漫效果的制作。

扫码看视频

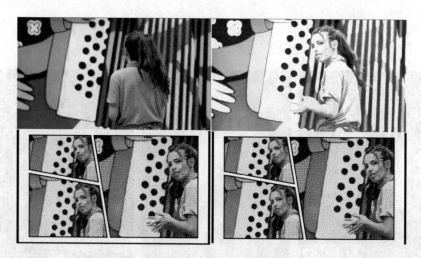

（1）将漫画.mp4素材导入剪映App。将时间线滑动至2秒位置处，选中素材并在"工具栏"面板中点击"定格"按钮。

（2）在"视频"轨道上点击漫画.mp4定格素材后方的素材，在"工具栏"面板中点击"删除"按钮。

（3）将时间线滑动至2秒位置处，在"工具栏"面板中点击"特效"按钮。

（4）点击"画面特效"按钮。

（5）在"特效"面板中点击"漫画"按钮，选择"复古漫画"效果，然后点击☑（确定）按钮。

（6）再次点击"画面特效"按钮。

（7）在"特效"面板中点击"漫画"按钮，选择"三格漫画"效果，然后点击✅（确定）按钮。

（8）设置"复古漫画"与"三格漫画"效果的结束时间与漫画 .mp4 素材的结束时间相同。

（9）在"视频"轨道上点击两个视频中间的 ⌐（转场）按钮。

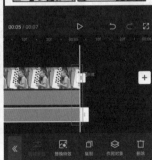

（10）在"转场"面板中点击"基础转场"按钮，选择"泛白"效果，然后点击✅（确定）按钮。

（11）将时间线滑动至两个素材中间的位置，点击"音频"轨道上的"添加音频"按钮。

（12）在"工具栏"面板中点击"音效"按钮。

（13）在"音效"面板中点击"魔法"按钮，然后选择合适的音效效果。

（14）将时间线滑动至起始时间位置处，在"工具栏"面板中点击"音乐"按钮，添加合适的音乐完成作品，效果见本例开始位置的展示图。

11.6 实例：唯美柔和的画面效果

扫码看视频

本例在剪映 App 中使用"速率"制作变速效果，并使用"混合模式"与"不透明度"为视频制作朦胧感，设置合适的音乐制作唯美的短视频效果。

（1）将人像 .mp4 素材导入剪映 App。选中素材，在"工具栏"面板中执行"变速"/"曲线变速"/"蒙太奇"命令，点击进行编辑。

（2）在"蒙太奇"面板中添加点并制作合适的变速效果。

（3）将时间线滑动至 1 秒位置处，取消选中素材，在"工具栏"面板中执行"画中画"/"新增画中画"命令。

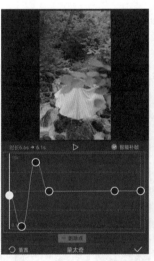

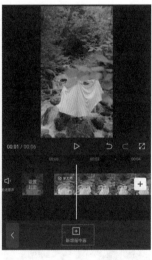

（4）添加滤镜 .mp4 素材。

（5）将滤镜 .mp4 素材放大到与人物 .mp4 素材同等大小，在"工具栏"面板中点击"混合模式"按钮。

（6）在"混合模式"面板中点击"滤色"按钮。

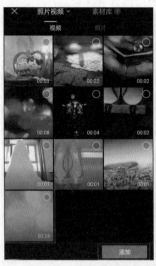
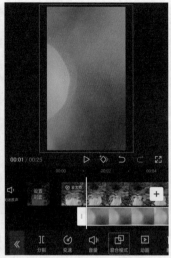

（7）在"工具栏"面板中点击"不透明度"按钮。

（8）在"不透明度"面板中设置"不透明度"为86。

（9）选中滤镜.mp4素材，将时间线滑动至与人像.mp4素材的结束时间相同位置处，在"工具栏"面板中点击"分割"按钮，并将分割后的素材的后半部分删除，最后添加合适的配乐即可。

本例制作完成，效果见本例开始位置的展示图。

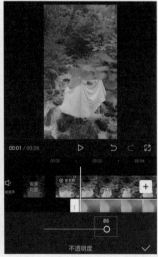

11.7　实例：合成手中火焰

本例在剪映 App 中使用"速率"制作变速效果，并使用"混合模式""添加关键帧"制作火焰位于手心的效果，使用"滤镜"调整画面的色相，设置合适的音乐与音效制作画面效果。

扫码看视频

（1）将手掌.mp4 素材导入剪映 App。选中素材，在"工具栏"面板中点击"变速"按钮。

（2）点击"曲线变速"按钮。

（3）在"曲线变速"面板中点击"自定"按钮，并点击"点击编辑"按钮进行编辑。

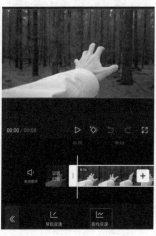
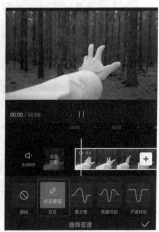

（4）添加点，并调整合适的速率曲线。

（5）选中素材，在"工具栏"面板中点击"滤镜"按钮。

（6）在"滤镜"面板中选择"影视级"下的"青黄"滤镜。

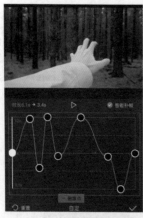

（7）将时间线滑动至 23 帧位置处，取消选中素材，在"工具栏"面板中点击"画中画"按钮。

（8）点击"新增画中画"按钮。

（9）点击"素材库"按钮，并在"搜索栏"中搜索"火焰"，然后选择合适的火焰素材。

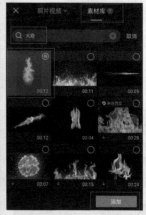

（10）在"工具栏"面板中执行"混合模式"/"滤色"命令。

（11）将时间线滑动至 3 秒位置处，点击"分割"按钮进行剪辑，并将分割后的后半部分删除。

（12）选中火焰素材，将时间线滑动至 1 秒 15 帧位置处，点击◇（添加关键帧）按钮，添加关键帧并将火焰素材移动至手心位置处。接着将时间线滑动至 2 秒 21 帧位置处，点击◇（添加关键帧）按钮，添加关键帧并将火焰素材移动至手心位置处。

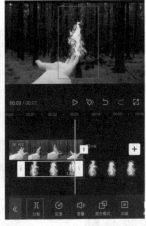
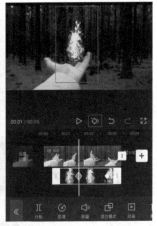

（13）将时间线滑动至 15 帧位置处，在"音频"轨道上点击"添加音频"按钮。

（14）点击"音效"按钮。在"搜索栏"中搜索"火焰"并选择合适的火焰音效，然后点击"使用"按钮。

（15）将时间线滑动至 25 帧位置处，在"音频"轨道上点击音频素材，在"工具栏"面板中点击"分割"按钮。

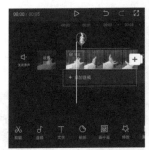

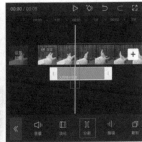

（16）点击分割后的音频素材的后半部分，在"工具栏"面板中点击"删除"按钮。

（17）在"工具栏"面板中点击"音乐"按钮。在"添加音乐"面板中点击"悬疑"按钮。

（18）在"悬疑"面板中选择合适的音乐并点击"使用"按钮，然后对音频进行剪辑操作。

本例制作完成，效果见本例开始位置的展示图。

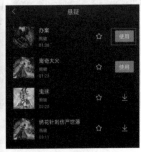

11.8 实例：应用蒙版制作分割感片头

本例主要在剪映 App 中应用蒙版制作画面分割效果。

扫码看视频

（1）将 01.mp4 素材导入剪映 App。选中该素材，在"工具栏"面板中点击"蒙版"按钮。

（2）在"蒙版"面板中点击"镜面"按钮，此时在预览区域可以看到视频只显示中间的部分。

（3）在预览区域中使用双指拖放视频进行旋转，使视频显示角度为 –52°。

（4）在预览区域使用双指拖放视频进行放大，放大蒙版到合适的大小。

（5）取消选中素材，在"工具栏"面板中点击"画中画"按钮，接着点击"新增画中画"按钮。

（6）在"照片视频"面板中点击"视频"按钮，选择 02.mp4 素材，然后点击"添加"按钮。

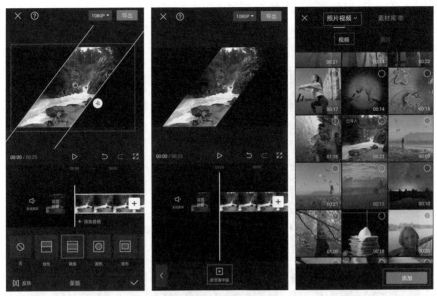

（7）在预览区域中将 02.mp4 素材放大到与屏幕等大，并点击"工具栏"面板中的"蒙版"按钮。

（8）在"蒙版"面板中点击"镜面"按钮。

（9）在预览区域中使用双指拖放视频进行旋转，使视频显示角度为 −52°。

（10）在预览区域使用双指拖放视频进行放大，放大蒙版到合适的大小并将其移动到屏幕左侧合适的位置。注意，两个素材之间可以留有一定的距离，使其产生黑色缝隙。

（11）在空白位置点击，并点击"新增画中画"按钮。

（12）在"照片视频"面板中点击"视频"按钮，选择03.mp4素材，然后点击"添加"按钮。

（13）在预览区域中将03.mp4素材放大到与屏幕等大，并点击"工具栏"面板中的"蒙版"按钮。

（14）在"蒙版"面板中点击"镜面"按钮。

（15）在预览区域中使用双指拖放视频进行旋转，使视频显示角度为–52°。

（16）在预览区域使用双指拖放视频进行放大，放大蒙版到合适的大小并将其移动到屏幕右侧合适的位置。

（17）在"画中画"轨道上选中 02.mp4 素材，在"工具栏"面板中点击"动画"按钮。

（18）点击"入场动画"按钮。

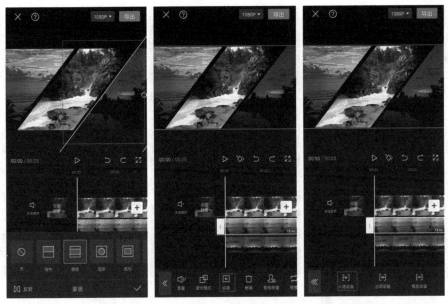

（19）在"入场动画"面板中选择"向下滑动"效果，设置持续时间为 4.0s。

（20）在"画中画"轨道上选中 03.mp4 素材，接着点击"入场动画"按钮。

（21）在"入场动画"面板中选择"向上滑动"效果，设置持续时间为 4.0s。

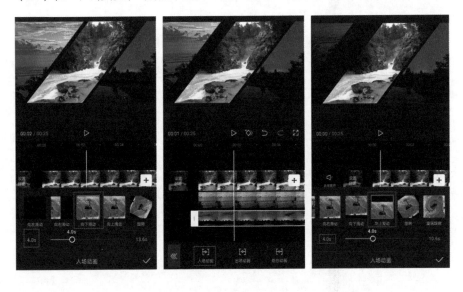

（22）在"视频"轨道上选中 01.mp4 素材，在"工具栏"面板中点击"动画"按钮。

（23）点击"入场动画"按钮。

（24）在"入场动画"面板中选择"动感缩小"效果，设置持续时间为 7.0s。

本例制作完成，效果见本例开始位置的展示图。

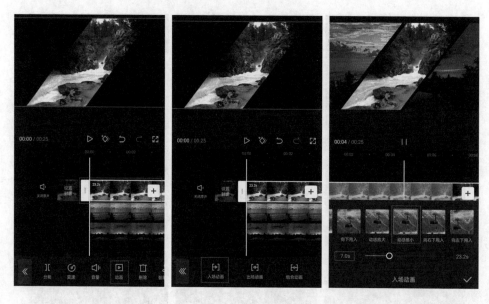

11.9　本章任务

使用本章实例中未使用过的任意两款特效，制作好玩的特效效果。

第 12 章

使用剪映制作动画

■ **本章要点**

　　动画相比静态画面更具视觉冲击力，在剪映 App 中可以通过为属性添加关键帧动画制作简单的动画效果，还可以为视频添加入场动画、出场动画、组合动画，也可以在两段视频素材之间添加转场动画，从而得到合适的过渡效果。

12.1　关键帧动画

动画效果可为视频效果锦上添花。将文字、图形、图片等制作成动态效果可更加直观地传达画面中的内容。在制作动画时，关键帧就是制作动态效果的关键。下面就来进一步地了解剪映 App 中的动画制作。

一段动画是由一定数量的画面组成的，而这时每一个画面就称为一帧，帧数越多，画面越流畅。"帧"包含了这一画面的位置与时间的变化。一般情况下 1 秒是 24 帧。在剪映 App 中只需要调整两个或两个以上关键帧就可以制作出简单的动画效果。

（1）在"工具栏"面板中点击"剪辑"按钮。

（2）将时间线滑动至合适的位置处，点击◇（添加关键帧）按钮。

（3）在"预览"面板中将素材缩小。

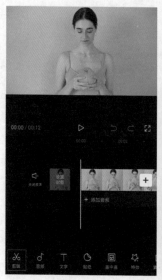 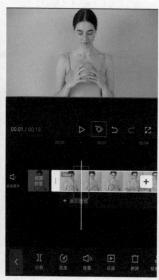 

（4）将时间线向后滑动至合适的位置处，再次点击◇（添加关键帧）按钮。

（5）在"预览"面板中将素材放大并向左移动。

（6）滑动时间线查看此时的画面效果。

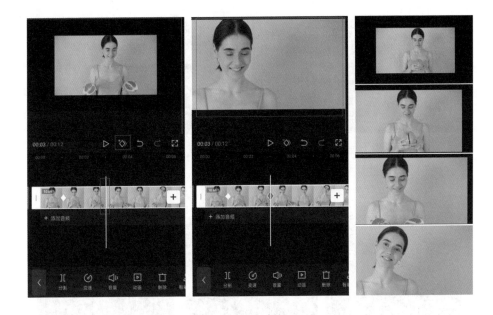

12.2　入场动画、出场动画、组合动画

"动画"工具中已经预设好动画效果，可根据素材内容的不同设置不同的预设效果。利用"动画"工具可快速制作出画面动态效果，从而更加高效且便捷地制作视频。"动画"工具包括"入场动画""出场动画"和"组合动画"三大类。可根据视频需求选择类别后选择合适的动画效果。

"入场动画"可用于在视频起始时间添加合适的预设动画，并制作入场效果。

"出场动画"可用于在视频结束时间添加合适的预设动画，并制作出场效果。
"组合动画"可用于对视频整体添加合适的预设动画，并制作视频动画效果。

（1）在"工具栏"面板中点击"剪辑"按钮。

（2）在打开的面板中点击"动画"按钮。

（3）在打开的面板中点击"组合动画"按钮。

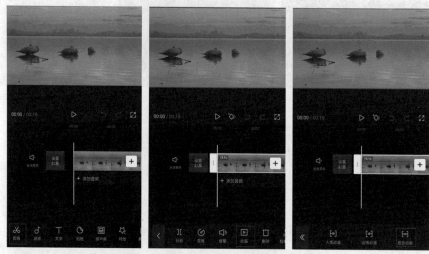

（4）在"组合动画"面板中选择"三分割Ⅱ"动画效果。

（5）滑动时间线查看此时的画面效果。

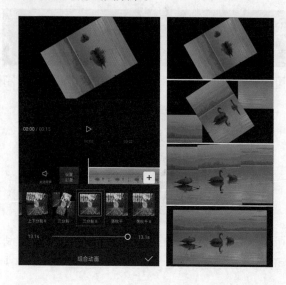

12.3　转场动画

　　"转场"是指两段素材之间产生的过渡效果。剪映 App 中的转场主要包括"基础转场""互动 emoji""特效转场""综艺转场""运镜转场""MG 转场""幻灯片"和"遮罩转场"。操作很简单，只需要点击两段素材之间的 ⏲（转场）按钮，即可选择并添加合适的转场效果。

12.4　实例：使用"变速"制作变速的视频效果

　　本例在剪映 App 中使用"变速"播放音乐并调整锚点制作出时快时慢的节奏效果。

扫码看视频

（1）将摩托车.mp4 素材导入剪映 App。点击"音频"轨道上的"添加音频"按钮。

（2）将时间线滑动至起始时间位置处，在"工具栏"面板中点击"音乐"按钮。在"添加音乐"面板中点击"卡点"按钮，并添加合适的卡点音乐。

（3）在"视频"轨道上选中素材，在"工具栏"面板中执行"变速"/"曲线变速"命令。

（4）点击"自定"按钮，并点击"点击编辑"按钮进行编辑。

（5）播放音乐，根据音乐添加点，并向上进行拖动。

（6）使用同样的方法创建点，制作出时快时慢的节奏效果。

  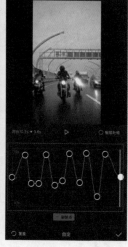

（7）在"视频"轨道上点击"片尾"，接着在"工具栏"面板中点击"删除"按钮。

（8）将时间线滑动至与"视频"轨道相同的结束时间位置处，接着点击"音频"轨道上的音频文件，在"工具栏"面板中点击"分割"按钮。

（9）点击分割后的音频的后半部分，在"工具栏"面板中点击"删除"按钮。

本例制作完成，效果见本例开始位置的展示图。

12.5　实例：添加关键帧制作镜头运镜效果

本例在剪映 App 中通过添加关键帧调整素材大小与位置，制作出常用的镜头运镜效果。

扫码看视频

（1）将跳舞 .mp4 导入剪映 App。在"工具栏"面板中执行"音频"/"音乐"命令。在"添加音乐"面板中点击"卡点"按钮。

（2）在"卡点"面板中选择合适的音乐，点击"使用"按钮。

（3）在"音频"轨道上点击刚刚添加的音频，在"工具栏"面板中点击"踩点"

按钮。在"踩点"面板中点击开启"自动踩点"功能，然后点击"踩节拍Ⅱ"按钮。

（4）选中"视频"轨道上的跳舞.mp4素材，将时间线滑动至第5个踩点位置处，点击 （添加关键帧）按钮。

（5）将时间线滑动至第8个踩点位置处，点击 （添加关键帧）按钮。

（6）在"预览"面板中将跳舞.mp4素材调整到合适的位置，并适当地进行放大和旋转。

（7）将时间线滑动至第10个踩点位置处，点击 （添加关键帧）按钮。

（8）在"预览"面板中将跳舞.mp4素材调整到合适的大小与位置。

（9）使用同样的方法添加关键帧，并调整跳舞.mp4素材到合适的大小与位置。然后点击"工具栏"面板中的"滤镜"按钮。

（10）在"滤镜"面板中点击"影视级"按钮，选择"高饱和"滤镜。

（11）将时间线滑动至视频结束位置处，点击"音频"轨道上的音频文件，在"工具栏"面板中点击"分割"按钮。最后将音频的后半部分进行剪辑并删除。

本例制作完成，效果见本例开始位置的展示图。

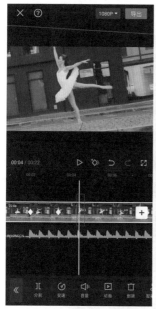

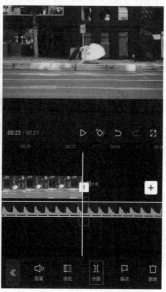

12.6　实例：使用"变速"和"转场"制作炫酷科幻感转场效果

本例在剪映 App 中使用"变速"工具制作画面变速效果，使用"转场"工具制作画面科技感转场效果，并使用"特效"工具添加"幻影""幻

扫码看视频

245

彩故障"特效制作画面科技感动画。

（1）将人像 .mp4 导入剪映 App，点击⊞（添加素材）按钮。

（2）在"照片视频"面板中点击选择宇航员 .mp4 素材，接着点击"添加"按钮。

（3）选中人像 .mp4 素材，在"工具栏"面板中执行"变速"/"曲线变速"/"蒙太奇"命令，点击"点击编辑"按钮进行编辑。

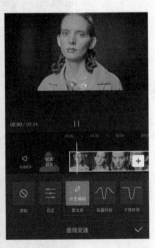

（4）在"蒙太奇"面板中调整点到合适的位置处，制作画面变速效果。

（5）将时间线滑动至 5 秒位置处，点击"视频"轨道上的人像 .mp4 素材，在"工具栏"面板中点击"分割"按钮。

（6）在"时间轴"面板中点击时间线后方的人像 .mp4 素材，在"工具栏"面板中点击"删除"按钮。

（7）将时间线滑动至 11 秒位置处，选中宇航员 .mp4 素材，在"工具栏"面板中点击"分割"按钮。

（8）在"时间轴"面板中点击时间线后方的宇航员 .mp4 素材，在"工具栏"面板中点击"删除"按钮。

　　（9）点击 ⌐（转场）按钮。

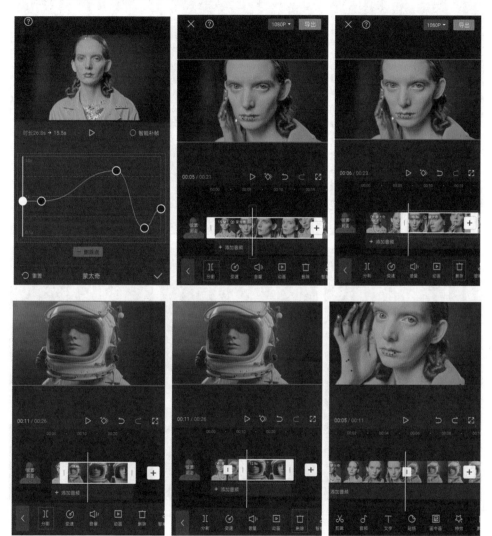

　　（10）在"转场"面板中点击"特效转场"按钮，接着选择"光束"特效。

　　（11）将时间线滑动至 6 秒位置处，在"工具栏"面板中执行"特效"/"画面特效"命令。

　　（12）点击"动感"按钮，在"动感"面板中选择"幻彩故障"特效。

　　（13）在"特效"轨道上点击"幻彩故障"特效，接着点击"作用对象"按钮。

　　（14）在"作用对象"面板中点击"全局"按钮。

（15）将时间线滑动至 5 秒位置处，接着点击"画面特效"按钮。

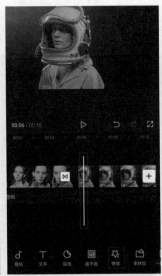

（16）点击"动感"按钮，在"动感"面板中选择"幻影"特效。

（17）在"特效"轨道上点击"幻影"特效，接着点击"作用对象"按钮。

（18）在"作用对象"面板中点击"全局"按钮。

（19）将时间线滑动至 3 秒位置处，在"工具栏"面板中点击"音频"按钮。

（20）点击"音效"按钮。

（21）在"音效"面板中搜索"科技感转场音效"，接着选择合适的音效文件并点击"使用"按钮。最后点击"视频"轨道上的"片尾"，在"工具栏"面板中点击"删除"按钮。

本例制作完成，效果见本例开始位置的展示图。

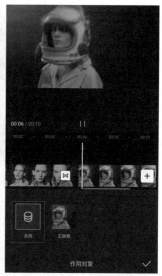

12.7　实例：使用"转场"和"特效"
制作瑜伽视频

本例在剪映 App 中使用"智能美体"工具制作人像美体效果，使用"调节"工具调整画面颜色与亮度，并用"变彩色""金粉闪闪"特效制作画面特效，最后使用"文字模板"工具创建文字制作文字动画。

扫码看视频

（1）将美体 .mp4 素材导入剪映 App，选择该素材，在"工具栏"面板中点击"美颜美体"按钮。

（2）在打开的面板中点击"智能美体"按钮，接着点击"瘦身"按钮，设置"瘦身"为70。

（3）点击"长腿"按钮，设置"长腿"为50。

（4）点击"瘦腰"按钮，设置"瘦腰"为60。

（5）点击"小头"按钮，设置"小头"为80。

（6）将时间线滑动至1秒21帧位置处，选择素材，点击"分割"按钮。

（7）点击 ⌟（转场）按钮。

（8）在"转场"面板中点击"运镜转场"按钮，选择"推近"效果，设置持续时间为0.4s。

（9）将时间线移动至第2段视频的位置。在"工具栏"面板中执行"剪辑"/"调节"命令。点击"亮度"按钮，设置"亮度"为24。

（10）点击"对比度"按钮，设置"对比度"为10。

（11）点击"饱和度"按钮，设置"饱和度"为20。

（12）点击"阴影"按钮，设置"阴影"为10。

（13）点击"色温"按钮，设置"色温"为 -16。

（14）点击"色调"按钮，设置"色调"为11。

（15）将时间线滑动至起始时间位置处，在"工具栏"面板中点击"特效"按钮。

（16）执行"画面特效"/"基础"/"变彩色"命令。

（17）设置"变彩色"滤镜的结束时间与第一段视频的结束时间相同。

（18）在"工具栏"中点击"调整参数"按钮，设置"变化速度"为10。

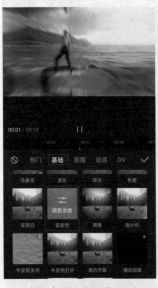

（19）将时间线滑动至1秒21帧位置处，点击"画面特效"按钮。

（20）点击"金粉"按钮，在"金粉"面板中选择"金粉闪闪"特效。

（21）在"工具栏"面板中点击"文字"按钮。

（22）将时间线滑动至1秒21帧位置处，在"工具栏"面板中点击"文字模板"按钮。

（23）在"文字模板"面板中点击"手写字"按钮，设置合适的文字效果。

（24）在文字栏中修改文字为"瑜"，接着点击⬇按钮。在文字栏中修改文字为"伽"，接着点击⬇按钮。

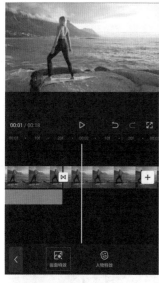

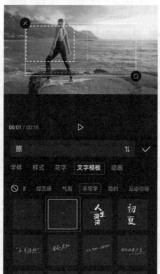

（25）在文字栏中修改文字为 YOGA，接着点击 🔛 按钮。

（26）在"文字"轨道上设置"文字模板"的结束时间与视频的结束时间相同。

（27）将时间线滑动至起始时间位置处，在"工具栏"面板中点击"音频"按钮。

（28）在"工具栏"面板中执行"音乐"/"卡点"命令，并添加合适的音频。

（29）将时间线滑动至视频结束位置处，在"音频"轨道上点击音频文件，在"工具栏"面板中点击"分割"按钮。

（30）点击后方的音频，点击"删除"按钮。点击"片尾"按钮，在"工具栏"面板中点击"删除"按钮。

本例制作完成，效果见本例开始位置的展示图。

12.8　本章任务

　　为自己在前几章任务中制作的视频添加动画，如素材的放大缩小、素材与素材之间的转场、视频开始的入场动画及视频结束的出场动画等，使得视频的视觉效果更加丰富。

运营与变现篇

第13章

让短视频流量暴涨的运营技巧

■ 本章要点

通过本章的学习，可以了解抖音短视频运营的基础知识、成为热门短视频必备的要素以及抖音短视频爆火的技巧。这些技巧对破解困扰新手朋友的"如何让短视频成为'热门'"和"如何获得更多的流量"这两大难题会有所帮助。

13.1 抖音短视频运营的 6 个基础知识

想要使自己拍摄的短视频爆火，想要使自己的账号成为"大 V"，想要通过短视频实现盈利，仅靠拍完视频并上传发布是不够的。一名合格的短视频创作者一定要懂得短视频运营方面的知识，这样才能在创作短视频时有的放矢、少走弯路。

13.1.1　新手账号如何命名

账号的名称就像是人的形象、一个标签或一种符号。想要让人们记住，首先要让人们熟悉，使人们通过名称就能了解账号的类型，甚至猜到创作者的性格。

切记，账号的名称中尽量不要带有生僻字、标点符号、贴图等，否则用户搜索起来会比较困难。下面列举几种实用简单的账号命名形式。

1. 功能 / 品牌 / 赛道 + 名字

名　称	命名逻辑
娜娜带你游泰国	旅行 + 可爱 / 愉悦 / 轻松感人名
林老师聊奥数	教育 + 专业感人名
修车行的老孙	汽修 + 值得信赖感人名
农村王姨教你种菜	种植 + 亲切感人名

2. 权威型

名　称	命名逻辑
稳赚不赔的生意经	正向描述 + 行业
严谈财经	人名代表字 + 行业
奇妙宠物在哪里	从知名书 / 影 / 音作品名称中找灵感
茶道谈	简洁明了、富含底蕴

3. 城市 + 行业 + 名字（适用于需要将本地流量转化变现的情况）

名　称	命名逻辑
南京吃货孙小跳	地名 + 美食 + 简单好记的人名
杭州选房李大拿	地名 + 房地产 + 简单好记的人名

4. 有趣的账号名称，吸引有趣的人关注

名　称	命名逻辑
阿里郎里个郎	广为人知的词语的变体
大胡子阿斌	强化形象特征
北胡同的王彦祖	借用"名人"效应
非著名吸猫师	改编网络热门语言

13.1.2 确定账号的目标人群

　　在开始拍摄视频之前，首先要确定的是账号对标的目标人群。如果只是为了分享生活中的点点滴滴，那无所谓目标人群。但是，想要使短视频上"热门"，想要不断积累精准的粉丝，并通过前期积累粉丝实现后期"变现"，那么确定账号的目标人群就是最重要的一步。

　　例如，目标人群可以是家庭主妇、肥胖者、健身爱好者、创业者、餐饮老板、考研学生等。分析此类人群的特征、喜好、行为模式等影响消费者行为的因素，推导出其消费习惯和消费能力，为筛选适合面向此类群体的变现方式奠定基础。

13.1.3 分析目标人群需求，精准输出作品

　　确定了账号的目标人群之后，需要对目标人群的需求及喜好进行针对性的分析，然后从中有选择性地设计短视频内容。下表所列为部分目标人群的内容偏好。

目标人群	偏好内容
家庭主妇	家庭教育、衣物收纳、实用妙招、瑜伽、烘焙、美容、花卉等
创业者	创业经验分享、创业避雷、创业逻辑、创业故事等
餐饮经营者	同城探店、品牌 IP、餐饮加盟等

　　建议创作者专注于"垂直"领域，也就是一直为特定群体提供特定服务。例如，专注于 3C 数码产品测评的账号就不要发布考研英语类的短视频。专注于某一个方向，哪怕是很小、很细分的方向，更有助于提高账号的辨识度。通过垂直定位特定领域的账号，可以让账号在海量的流量池中快速捕捉到目标粉丝，这样后期更容易变现，这种账号也被称为"垂直账号"。

13.1.4 IP 人设要立好

　　确定了账号目标人群、分析了目标人群需求后，接下来就要有目的性地将账号打造为识别度强的 IP，营造出特定的"人设"。IP 人设可以决定观者对创作者的印象，

而这些印象大多来自视频中的视觉符号、声音符号。人设独特性越强，短视频的个人风格就越强，粉丝黏度就会越高。

塑造独特的人设可以在垂直领域里吸引更多的粉丝，为以后"橱窗"带货或者直播带货提供更多的变现机会。从这方面来说，粉丝的数量不一定是越多越好，而是越精准越好。那么如何营造适合自己的 IP 人设呢？首先问自己几个问题：我是谁？我有什么别人没有的特别之处？我能提供哪些高质量的内容？

例如，如果你生活在国外，那么可以拍摄国外的日常生活、风景；如果你擅长使用 Photoshop 修图，可以制作 Photoshop 修图技巧类短视频；如果你是生活小能手，可以拍摄生活中的小技巧；如果你是珠宝从业人员，可以教别人如何辨别珠宝的真假、如何购买价格实惠的珠宝；如果你在乡下居住，可以拍摄田园生活、乡野风景，等等。

1. 高颜值人设

如果视频中的人物形象好、身材好、皮肤好、气质好，那么短视频完播率、互动率、点赞率等自然低不了。这类视频的转化率可观，"吸粉"能力较强。但是要注意除了颜值之外，也要有更多内容体现，如深度挖掘才艺或者在视频的场景、道具、剧本上下足功夫，这样才不会浮于表面。

2. 独特形象人设

人设并不只有美女、帅哥这一条路，如果外貌上有一定的特点，也可以提高观者的记忆度，如光头、超长头发、络腮胡子等。当然也可以尝试在装扮方面下功夫，如佩戴独特的面具或扮演某一形象等。为了保证 IP 人设的统一性，这种形象上的符号最好不要经常改变。

3. 接地气人设

三叔、老舅、大姑、四大爷、王阿婆等称呼的出现，直接将疏远的陌生人拉近成亲朋邻居。塑造此类形象要保持亲和力，穿着、形象、说话方式、拍摄环境及作品主题也要尽量与人设符合。

4. 搞笑人设

没有人会拒绝快乐，短视频平台中以搞笑为主的视频是最常见的一种类型。例如，偶然间记录下的生活中的搞笑日常、带有剧情的搞笑情景剧、因失误造成的搞笑片段（口误、动作失误等）、经过精心策划的恶搞事件、搞笑配音等短视频都比较容易获得点赞和关注。

想要制作此类型的作品，除了通过网络收集和整理搞笑素材外，还要养成在生活中提取"笑点"的习惯。仔细观察生活中的细节，养成随时记录的习惯。长期积累，创作素材自然源源不断。

5. 小能手人设

分享日常生活中绝大多数人都可能会遇到并产生共鸣的实用小技巧，如防蚊、快速剥瓜子、精准等公交等技巧。观者们大多会产生"先点赞收藏，以后兴许用得上"的想法，这自然提高了点赞率，也容易上热门。

6. 技能/行业达人人设

不同的职业、特长甚至是爱好都可以作为树立"人设"的重要因素。例如，本职工作是厨师，那么将烹饪的专业能力转化为短视频中的内容就非常恰当，如分享将家常菜做出"饭店味"的秘诀。由于技能类短视频可能会使大部分"外行"观者产生距离感，所以在短视频的制作过程中要保证操作步骤的完整与明确。尽量少用笼统的"少许""稍后"等模糊词汇，多用"1勺""5分钟"等具体数值，保证观者能跟着视频获得不错的"成果"，这样更有益于"粉丝"的长期关注。

不仅是工作中的专业技能，生活中的娱乐类技能同样吸引人，如琴棋书画、种菜种地、放风筝、钓鱼等都可以作为不错的方向。

7. 小众职业人设

如果所从事的工作并不常见，或者工作中的细节通常是不为人知的，那么不妨以"小众"工作为主要内容进行分享。例如，博物馆文物修复师、野生动物保护者、游戏捏脸师、酒店体验员等。这些奇特的职业听起来就足够吊人胃口了，以短视频或直播的形式分享工作中的日常必然会吸引大量好奇的观者。

8. 独特声音人设

除了人物的外形，声音也可以作为人设的重要组成部分。如果声线优美，往往可以吸引大量粉丝。如果具有独特的声线或者独特的口头禅，甚至是表达方式上与众不同，也会使人设更具特色。

9. 独特动作人设

招牌动作就像口头禅一样可以为人设增添特征，如视频刚开始时人物的出场动作、视频结束时与观者告别的动作、拿出展示物的动作、完成某项任务后的动作等。夸张的、搞笑的、有趣的、高难度的动作，甚至是独特的表情都可以成为人设的独特之处。

13.1.5 短视频标题的"万能公式"

给视频起一个好的标题，目的就是吸引眼球，引起人们的好奇心。其实短视频的命名方式也是有一定规律的，甚至可以是一种"公式"。每当不知该如何为短视频命名时，不妨套用公式，给视频起一个更"吸睛"的标题。

1. 夸张手法

说　明	举　例
夸张是吸引人的有力方式。以幽默的方式夸大想要表现的内容，避免使人产生厌恶之感	他家的辣椒炒肉，我能吃 8 盘
	好吃到想哭的披萨
	绝了！中餐界的天花板
	哈哈哈！笑到邻居以为我家养了鹅，并且到物业投诉了我

2. 不可能，我不信

说　明	举　例
标题内容令人难以置信，由"不信"衍生出对事实真相的好奇心，进而产生播放量	他 10 天暴瘦 20 斤
	3 天订单轻松过万
	他小学文凭，月薪 5 万

3. 对比反差

说　明	举　例
强烈的反差能引起人们的好奇心	顶级大学毕业生养猪
	你还在玩抖音，他们早用抖音赚钱了

4. 扎心了

说　明	举　例
一段简短而又深刻的话语，让人感同身受	你有几年没回家了？
	别老想着"以后还来得及"
	万千灯盏，都不是归处

5. 超实用

说　明	举　例
解决日常生活中的实际问题，建议收藏、保存	去除痘印，就用它
	高效记忆法，背单词更轻松
	旧衣服别扔，变废为宝看这里

6. 数字的力量

说　明	举　例
数字似乎有一种神奇的力量，让人感觉更精确、更权威	5 种赚钱的新方法
	99% 的人不知道
	三亚 10 大绝美风光推荐

7. 提问

说　明	举　例
提问式标题，能激起观者的好奇心，是标题中最常用的一种手法	为什么孩子一到秋天就鼻炎？听 10 年资深宝妈怎么说
	为什么你家的孩子不喜欢和你交流？
	网上那么多赚钱小妙招，哪些才适合你做？

8. 反问

说　明	举　例
反问式标题，代入难以置信的情绪来提问，让观者产生强烈的好奇心	到现在还有人不会用抖音赚钱吗？
	你以为 5 岁宝宝会读 100 个单词是靠死记硬背？

9. 玩神秘

说　明	举　例
神秘的标题可以让人产生联想、幻想，令人感觉有趣、好玩、搞笑	当一只长颈鹿是一种什么样的体验？
	凌晨三点的街道原来是这样子
	发现一种全新的短视频变现方法

13.1.6　了解抖音短视频的推荐机制

　　与其他平台不同，在抖音平台发布的短视频不仅会被粉丝群体看到，也会被非粉丝群体看到。也就是说，即使没有粉丝，发布的视频也可能会被大量地播放、点赞、评论，进而成为"热门"短视频。当然，想要使自己的短视频成为"热门"，首先要了解抖音短视频的推荐机制。

1. 推荐机制

大部分平台都会根据用户对视频内容的偏好进行数据分析，并将类似偏好视频推荐给有着同样偏好的用户，这也是你喜欢看美食视频，就总会刷到美食视频的原因。

2. 用户标签

"用户标签"是平台对用户的一种判断和分类。例如，用户注册了一个新的账号，系统就会自动分发推送一些短视频，平台会统计用户观看每个视频的时间、播放次数、点赞、留言、关注等数据，进而判断出用户的"偏好"，然后给用户贴上标签。例如，某用户是美食爱好者，某用户更偏爱与宠物相关的短视频。根据这些标签，平台会推荐与之相关的作品到用户的眼前。

3. 账号标签

"账号标签"是指创作者发布视频作品的类型、赛道，是让同一偏好的其他用户刷到你的关键。平台会根据创作者上传的视频内容，对其账号的"类别"进行判断和分类，并将其推送给具有相关喜好的用户。所以，创作者在发布短视频时，尽量多发一些"垂直类"的视频，这样账号的标签就会更明确，也更利于平台推荐。例如，如果是美食类短视频账号，就要少发一些与美食无关的视频。

4. 流量池机制

"流量"是指短视频的曝光度，"流量池"是指短视频可获得的流量的"容器"。流量池越大，视频就会被越多人看到。视频越热门，越有可能被推入更高级别的流量池。

用户发布一条短视频后，抖音平台根据算法将每个短视频分配到一个平均曝光量的初始流量池中。每条短视频的内容都不一样，观者观看短视频时的停留时间、点赞数、评论数、收藏量等也都不一样。根据视频在初始流量池中的表现数据，平台的算法会判断这条视频是否为优质视频。并且会根据用户视频的标签、内容定位，将视频推送到更大的精准流量池中。在这个更大的流量池中，该视频会自动推送给更多的人。

抖音流量池机制（数据随时更新变化，仅供参考）		
流量等级	播放量	审核方式
初始流量池	300 ~ 500	机器审核
千人流量池	3000 ~ 5000	机器审核
万人流量池	1 万 ~ 2 万	人工审核介入
初级流量池	10 万 ~ 15 万	机器审核 + 人工审核

续表

抖音流量池机制（数据随时更新变化，仅供参考）		
流量等级	播放量	审核方式
中级流量池	40万~60万	机器审核＋人工审核
高级流量池	200万~300万	机器审核＋人工审核
热门流量池	700万~1100万	机器审核＋人工审核
全站推荐	3000万及以上	机器审核＋人工审核

13.1.7　本节任务

运用本节所学的知识，为自己的账号起1~2个合适的名称，并为自己拍摄的短视频设置合适的标题。

13.2　热门短视频的5个要素

想要使短视频成为"热门"，要注意这5个要素：完播率、评论率、点赞率、分享率、复播率。这些要素越正向增长，短视频就越容易上热门，越容易被用户刷到。曝光率越高，自然就会带动账号粉丝数量的井喷式增长。

短视频的这5个要素也影响着视频所在的流量池。下图中绿色代表当前层级的各个要素，红色代表作品的各个数据，只有这些视频要素的数据突破当前层级的基本数据，才可以进入下一个更大的流量池层级。

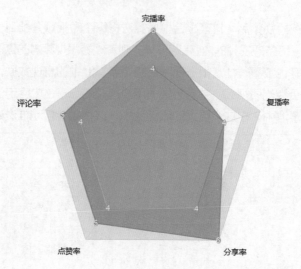

13.2.1 提升完播率的小技巧

短视频的播放次数，并不是越多越好，更为重要的是"完播率"。"完播率"指的是完整看完整个视频的人数比率。"完播率"越高，越能体现短视频的创作质量。如果仅仅观看人数多，但停留时间很短，那么"完播率"就非常低，也就说明视频的吸引力并不是很大。

"完播率"越高，被推荐为"热门"的概率就越大，也就越容易被推荐到较高级的流量池，从而获得更多的流量，被推荐给更多的人。

1. 清晰醒目的标题

视频的标题文字要足够大、足够清晰，能够突出主题，能让人看见就想点开一探究竟，具体可以参考 13.1.5 小节的内容。

2. 把握视频开头的"黄金 3 秒"

前 3 秒快速说完视频的主题内容，避免拖沓。例如，"开车 500 公里去外地吃一顿 3 块钱的早餐是一种什么体验？""一分钟能跳绳 300 次吗？""今天随机挑战，随机去一座城市，随机做一件事情"等。

3. 抓住观者需求的"痛点"

用简短的语言说明你的视频能给他人带来的价值。例如，"一分钟教你用十天瘦十斤""这条视频能让你少走十年弯路""洗了一辈子的菜，你洗干净过吗？"等。

4. 制造争议、打破常规

为视频设置具有争议、反常规的主题，激发观者将视频观看到最后的欲望。

5. 在视频开头添加"小心思"

"一定要看到最后""视频最后有惊喜""最后一种方法最厉害"等说法都是为了激发观者的观看欲望，但是视频中一定要有"干货"，否则就会引起观者的反感。

13.2.2 提升评论率的小技巧

"评论"是指视频评论区的留言互动讨论。"评论率"也是短视频上热门的另外一大要素。评论越多、互动越多，越能反映出短视频的内容足够精彩或吸引人。

1. 故意口误

有时候口误并不一定是什么"坏"事情，而是一件有趣的事情。小的口误、瑕疵会吸引观者去评论区纠正创作者。

2. 增加笑点

故意在短视频中设置穿帮事件、搞笑环节等，吸引观者评论互动。

3. 主动回复

主动回复某几个容易"火"的评论，并置顶此条评论，用户会在评论区争相讨论这条评论，更容易获得更多评论。

4. 抛出问题

在短视频中抛出问题，让观者主动接招，引发共鸣。例如，"对于这种现象，你怎么看？""如果是你，你怎么做？""回到十年前，你还会选择现在的路吗？""你有什么方法，在评论区告诉我"等。

5. 制造冲突

"冲突"是传播的内部动力，在短视频中制造冲突、争议，进而引发评论区热议。例如，"我今年30岁，没有存款，有资格结婚吗？"等。选择容易出现观点碰撞的话题，持有不同观点的双方自然容易在评论区讨论各自的观点，并且容易引起更多的互动。

6. 设置口头语

每个创作者都有自己的风格，根据账号的调性创造一句独特的口头语，就像广告中的标语或口号一样具有标志性意义。在短视频开头或结尾处使用，每个短视频皆如此，很多粉丝会留言重复这句话。

13.2.3　提升点赞率的小技巧

点赞率 = 点赞人数 / 观看人数。如果你的短视频点赞率接近或高于3%，那么平台就会给这条短视频更多的推荐及流量，也就会有更多的观者看到这条视频。

1. 引发情感共鸣

短视频内容贴近生活、贴近观者，更容易引起共鸣。例如，"80后的这些记忆，你也有吗？""高三毕业那年暑假，你在干什么？"等。

2. 主动引导

在视频中引导观者点赞。例如，"喜欢的话，记得点赞哟""这个视频里有很多干货，我怕你记不住，可以先点赞收藏"等。

3. 内容干货

内容实用，包含解决常见问题的知识型、实用型以及生活型小窍门等。例如，"1分钟去污小妙招，西红柿汁都不怕""一招教你解决套被罩的难题""Execl 表格数据求和一键搞定"等。这些视频都是很实用的知识，点赞的目的是在以后用到时方便翻阅。

13.2.4　提升分享率的小技巧

视频的分享、转发次数越多，被平台推荐给更多人的可能性就越大。

1. 主动引导

在视频中引导观者分享。例如，"喜欢的话，记得转发呦""转发超过 1000 次，下次挑战难度增加"等。

2. 提升作品价值

如果短视频让观者感觉有用、有趣或者让观者产生了情感共鸣，那么作品的价值就体现出来了。对于有价值的内容，观者自然想要主动分享给其他人。

13.2.5　提升复播率的小技巧

视频的重复播放代表着用户对视频内容的认可，平台也会相应地增加此类短视频的推荐力度。

1. 制造悬念和挑战

主动制造悬念或发起挑战，就容易使观者在第一次没看出问题所在或没有成功完成挑战时，重新播放。例如，"100 个人中只有 1 个人能看出这幅画中有 5 只老虎""至今没有人能把图放回原位"等。

2. 绝对干货

内容足够精彩，看完一次没过瘾，再看一次。

3. 似懂非懂

视频有价值，但一次看不懂，还需要再看一次，以便于仔细消化视频内容。

13.3　短视频爆火的 21 个技巧

无论是在哪个平台，无论作品是图片、音频还是视频，"内容为王"始终都是成为"热门"的基础。在此基础上掌握不同平台的特性与使用技巧，才能避免走弯路。

13.3.1　拍视频也要蹭热点

每隔一段时间都会有新的热点话题，及时创作与热点有关的短视频很容易被推荐进入热点流量池，获得更多推荐和播放量。同时，在发布作品时，可以使用"#"并在后面加上最近的热门话题，借助热门话题的流量带动视频热度。点击抖音首页上方的"搜索"按钮，可以看到"抖音热榜"。

13.3.2　拍同款，轻松上热门

找不到好的视频创作思路时，最简单的方法就是看看热门视频在拍什么、怎么拍。但要注意学习、借鉴，不要完全照搬。参考优秀作品的拍摄风格时，还可以借助比较热门的话题带动视频热度。

例如，舞蹈节目《只此青绿》在春晚上爆红，随后引来大量创作者争相模仿。除了以"青绿腰"舞蹈动作为创作内容外，还有创作者用类似颜色的尼龙袋自制舞蹈服装，更有对舞蹈的原型《千里江山图》进行科普，

以及深入挖掘舞蹈背后蕴含的传统文化的短视频，同样得到了不少观者的好评和点赞。

"拍同款"是一种快速上热门的技巧。在抖音上搜索"抖音热榜"，点击"完整榜单"按钮；然后点击"热点榜"按钮，选择感兴趣的热点条目；在右下角的转动的碟片位置点击，然后点击"拍同款"按钮，即可拍摄同款视频。

13.3.3　接受热门视频的"挑战"

"挑战"也是一个上热门的小技巧。在抖音搜索"抖音热榜"，点击"完整榜单"按钮；然后点击"挑战榜"按钮。选择一项挑战，模仿拍摄并上传视频。这些都是抖音官方筛选出来的热门视频，如果内容足够优秀，甚至比原作还要精彩，那么很有可能会成为热门。

13.3.4　高清视频更吸睛

在拍摄短视频时，尽量保证画面的清晰度，最好使用单反相机或微单相机。如果没有，那就把手机拍摄参数调节得尽量高一些。通常拍摄完成后，可使用 Premiere Pro、剪映 App 视频编辑软件等进行剪辑、编辑、特效、配乐等处理。但是要注意在导出视频时，要选择较高的分辨率。除了拍摄设备外，还要考虑拍摄时的光线是否充足，更充足、更均匀的光线效果可以获得更高的拍摄质量。

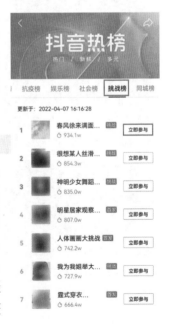

清晰度较差的视频　　　　　　　　　　　　　　　　　高清视频

13.3.5 视频也要"仪式感"

"重复"的力量是强大的，每个视频都重复同一种形式，很容易形成视频的符号、标签、风格。给每段视频添加一个统一的"仪式感"，如动作、表情、语言，观看视频的次数越多，这种视觉和听觉符号就越使人记忆深刻。

例如，拍摄美食短视频时，在每一段视频的封面上都写着"救命！太香啦！"这几个字。视频一开始，都是大喊："救命！太香啦！"然后开始做饭。喊多了，这就变成了你的符号、标签。

例如，拍摄旅行短视频时，每段视频前 3 秒都是情侣牵手的镜头：背影＋牵手。

13.3.6 反向操作，视频更容易上"热门"

　　以技能类为主要展示内容的短视频往往竞争非常激烈，如果实在无法在"实力"上赢过他人，那么不妨巧妙运用"逆向思维"。例如，拍摄美食视频时，想要比厨师做得更好吃、更好看往往很难，但是要把美食做"翻车"可能并不难，而且这样有趣的画面往往能够让熟悉了"常规美食"的观者看得津津有味，笑得前仰后合。

13.3.7　标题封面怎么做更吸引人

统一的视频包装、视频风格、封面模式、片头内容、字幕样式及配乐风格都有助于提升账号的专业性，让用户对账号的印象更加深刻。

视频封面指的是用户在抖音、快手等平台上看到的视频的第一个画面，而进入该创作者的账号后，可以看到该创作者其他作品的缩略图。建议同系列视频封面尽量统一，这会给人高质量视频的印象。并且视频封面要尽量清晰、文字尽量突出，不仅要使人快速明了视频的大致内容，还要尽可能地吸引人的眼球，使用户停留，进而使其观看视频。

除了视频外观统一外，较长的视频也可以尝试一分为三，横向一排三段视频。并且将一张图像切分为三段，三图组成完整图像。超出常规的大画面更具有视觉冲击力。

13.3.8　交叉组合，超牛的短视频策划不在话下

纵观各类热门短视频，可以从中概括出能够吸引人眼球的核心要素，这些要素可能是视频整体的风格，也可能是视频的表达方式，还可能是画面中的某些特征性内容。绝大多数短视频通常只具有其中一个要素，而如果尝试将多种热点要素相结合，往往可以得到出乎意料的短视频策划方案。

下表列举出了近期短视频中较为常见的热点要素，可以从中选择多个要素结合到自己的作品中。

热点要素		
方言	卡点	美食
舞蹈	变装	古风
二次元	搞笑	剧情反转
颜值	恋爱	第一人称
唱歌跑调	土味情话	相亲
话痨	农村	吐槽

1."英语教学"赛道

普通英语老师一般都会拍摄讲解英语单词的视频，比较枯燥，很难吸引人持续观看。那么套用我们的公式：英语教学＋任选1～3个热点要素，可以得到以下答案：

英语教学＋美食。用边吃边学作为噱头吸引用户前来观看，在枯燥的学习过程中融入品尝美食的轻松氛围，劳逸结合，互动性也更强。

除此之外，英语教学＋角色扮演、英语教学＋说唱、英语教学＋舞蹈、英语教学＋古风、英语教学＋古风＋美食、英语教学＋古风＋舞蹈等，只是听起来都能够想象到这些短视频会非常有趣。泛娱乐化的时代下，符合观者的喜好，才能更好地存活下去。

2."绘画"赛道

如果只是单纯地展示绘画技术，作品可能很难会"火"，因为同类型的创作者太多了。那么套用公式，如绘画＋恋爱，以绘画为赛道，内容结合恋爱、相亲等故事情节，会增添短视频的趣味性。

3."驾校教练"赛道

例如，驾校教练＋颜值、驾校教练＋话痨。

4. "直播带货"赛道

例如，直播带货＋说唱、直播带货＋古风＋搞笑、直播带货＋舞蹈＋变装。

5. "美食"赛道

例如，美食＋宠物、美食＋变装、美食＋方言＋剧情反转。

13.3.9 反差感画面，有料又有趣

观者更喜欢追求有新鲜感的视频，因此在作品中结合"反差感"的场景、外形或身份等，会使视频更具惊喜感。

1. 场景反差

选择与事件本应发生的环境风马牛不相及的场地，如工作车间＋跳舞、办公室＋做美食、农村＋时装走秀等。

2. 外形反差

人物外形与视频核心内容形成强烈反差，如甜美长相＋声音沙哑、老人＋年轻潮人装扮、一脸严肃＋搞笑内容等。

3. 身份反差

人设身份与视频内容形成强烈反差，如家庭主妇＋讲财经、饭店老板＋亲自送外卖、宠物＋做饭等。

田野走秀

老年潮人

猫咪煎羊排

13.3.10　直观地展示最终结果

在碎片化的短视频时代，即使是好的内容也很容易被观者 1 秒"划走"，尤其是以销售产品为目的的短视频。经过总结海量爆火的短视频作品后得出一个规律，那就是在视频的开头直观地将最终的结果展示出来，然后再进行详细介绍。就像是电影上映前剪辑出精彩片段作为宣传片，以此吸引观者。

例如，一款生发类产品，视频时长只有 1 分钟，但是在前 3 秒直接展示出产品的使用效果。而视频的封面则可以设计为头发稀疏和头发浓密的对比图，并配上文案"我用了 5 瓶，头发就这么密了！"。短短的 3 秒钟，直击目标用户的痛点，并给出解决方案和最终效果。在接下来不到 1 分钟的时间里，可以像朋友之间聊天一样，将自身经历与产品功能相结合介绍产品功效，更加具有亲和力。

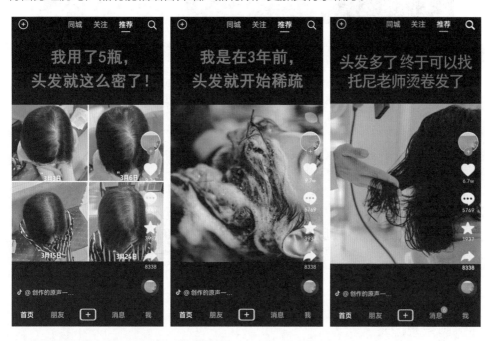

13.3.11　说到心坎里的文案

能说到人心坎里的文案大多具有以下特征：价值观认同 + 犀利文案 + 表述力。这是"吸粉率"特别高的一类作品。所谓说到心坎里了，就是内容和表达使观者产生了共鸣，甚至达到了价值观认同。取得了共鸣就能收获支持的点赞，价值观认同则能带来追随式的关注。分析当下热点话题，站在观者的角度去创作文案，很容易让人产生共鸣，就像是知心老友之间的交流。

13.3.12　选好配乐很重要

视频是由画面和声音共同构成的，视频画面固然重要，但是音乐同样具有感染力，所以选择合适的配乐是非常关键的。下面列举几种配乐选择思路。

1. 统一性

选择风格与画面风格统一的配乐，增强视频感染力，如海岛旅行 Vlog+ 浪漫轻音乐。

2. 反差感

选择与画面意境完全相反的配乐，因反差而产生幽默感，如美食"翻车"+ 歌曲《好日子》。

3. 重复性

所有视频都用同一独特且具有感染力的配乐，产生符号效应，粉丝每次听到这首歌曲都会想起你。

13.3.13　掌握作品发布的"黄金"时间

短视频其实也有对应的"生物钟"，不同类型的短视频，其发布的最佳时间是不同的。在错误的时间发布短视频，很可能"石沉大海"。

决定什么时候发布，需要参考人们的作息时间。目前，短视频大多是碎片化的，通常用于打发时间。因此，目标人群空闲的时间就是短视频适合发布的节点。发布的短视频与观者使用短视频 App 的时间匹配，自然短视频被刷到的概率就会更大。

一般来说，短视频 App 通常有 4 个使用高峰时间段：6:30—8:30 早餐和上班时间、11:30—14:00 午饭午休时间、17:00—19:00 下班晚饭时间、22:00—24:00

夜晚睡前时间。不同的时间段，人们要做的事情不同，精神状态也不同。简单来说，就是要在合适的时间里，发布适合观者当下状态的视频作品。

用户活跃度	时间段	用户状态	适合发布的视频类型
★★★	6:30—8:30 早餐、做饭、上班	人们休息一晚，此时是精力最旺盛的时间，适合发布积极、向上的短视频	励志类、早餐类、健身类等
★★★	11:30—14:00 午餐、午休	午间除去午睡外，吃饭和休闲时间不长，更适合发布一些娱乐化的视频	剧情类、吐槽类、搞笑类等
★★★★	17:00—19:00 下班、做饭、晚餐	结束了一天的工作，下班、做饭、吃饭，这段时间是打发碎片化时间的好时机	美食类、旅行类、创意类、兴趣类、影视类、探店类、科技类、动漫类等
★★★★★	21:00—24:00 睡前	忙碌一天后，躺下准备睡觉。此时是舒适、放松、慵懒的时间，这个时间段的人往往更感性	鸡汤类、情感类、美食类、育儿类、萌宠类、颜值类、时尚类、美妆类、游戏类、创业知识等

13.3.14　发布定位，锁定同城观者

发布视频时，可以选择"同城"，这样抖音就会自动将视频推荐给同城的观者，让附近的人看到。当然，这个方法并不适合所有视频，建议在需要城市推广时使用。

例如，某天某个城市下雪了，那么同城的观者刷到该视频的概率就大，由于感同身受，评论也就会多。某个城市当天发生了某件新鲜事，那么"同城"则更容易上热搜。本地的美容机构，在短视频里展现了高超的技术与显著的美肤效果，消费者自然容易主动关注；当地的火锅店特别好吃，排队的人太多了，你也会想同城打卡。

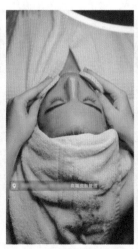

13.3.15 带着"话题"发布视频

热点话题的更迭频率非常快，不同的时间点会出现不同的热门话题，在创作视频作品时要参考近期热点话题。同样，在发布视频时也要注意设置几个热门话题，这样自然就能获得更多的流量和热度，如"# 晒晒年夜饭""# 春节你回家了吗""# 考研"等话题。

1. 晒晒年夜饭

关键词：聚会、欢庆、幸福、年夜饭等。

2. 春节你回家了吗

关键词：春运、回家、团圆、回村、形象反差等。

3. 考研

关键词：考研倒计时、熬夜复习、查询分数等。

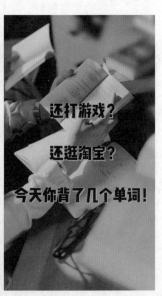

13.3.16 好作品，投"DOU+"

"DOU+"是抖音为创作者提供的一种为视频增加热度的工具，可以有效地提高播放量和互动度，增加内容的曝光度，增大"上热门"的概率。使用该工具可以选择投放目标，如点赞评论量、粉丝量、线索量。还可以选择投放时长，如 7 天、3 天、2 天、24 小时等。

（1）找到需要投放"DOU+"的视频作品，点击下方的按钮。

（2）点击底部的 （上热门）按钮。

（3）进入"DOU+上热门"面板后，选中"自定义定向推荐"单选按钮，并根据需求在下方设置目标用户群体。

（4）点击"达人相似粉丝"下的"更多"按钮。

（5）点击"添加"按钮。

（6）选择合适的"达人"，然后支付费用。

（7）随后该短视频会在一定时间内出现在这些"达人"粉丝的推荐页面中，也就实现了一次精准的流量投放。如果短视频足够精彩，说不定还能获得更多的点赞、评论、粉丝等。

13.3.17 短视频"火"了之后该怎么做

用一种风格拍短视频，如果一直不"火"，那就换一种风格拍短视频。如果有短视频"火"了，短时间内不建议更换风格，尽量延续这种风格拍摄同类型短视频，如同样的配乐、同样的镜头感、同样的搞笑风格、同样的口头禅等。如果有足够的资金，可以把这条短视频投"DOU+"，让短视频投放给更多的人，继续火起来。

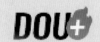

不难发现，目前很多粉丝数达百万，甚至达千万的短视频创作者，初期往往都会经历一个"平庸期"，观看人数、点赞率、评论数、转发率都很低。但某天，突然因为某一个短视频的发布，数据就会暴涨十倍、百倍。从那一天开始，他们大多坚持发布同风格的短视频，随着时间的推移，他们的粉丝群体也会越来越大，甚至出现一系列相似的短视频或人设。

13.3.18 分析短视频数据，掌握成败原因

要想使自己的短视频能够持续"上热门"，就必须学会分析数据。具体来说，就是分析短视频的后台数据，掌握短视频的完播率情况、点赞率情况等。掌握观者在第几秒时为你点赞最多，那么这些"高光"时刻就是你的优势，要学会总结，并运用到后面的视频中。

1. 完播率不高，怎么办

当粉丝数量达到一定量级后，点击视频右下角的"分享"按钮，然后点击下方的"数据分析"按钮，即可观看该视频的"播放时长分布"，其中红色曲线是你的作品的曲线，蓝色曲线是同时长热门作品的曲线。红色曲线和蓝色曲线越接近，视频的完播率就越高；曲线差异越大，完播率越差，需要对视频进行进一步优化。而在"数据解读"的下方，则详细说明了视频中的问题。例如，该视频显示需要优化前2秒的内容，使得视频留住更多观众，那么可以从视频封面、视频文案、配乐、表演等方面提升。

2. 分析观者什么时候给视频点赞，总结精彩瞬间

点击"查看视频数据分析"按钮，将会出现曲线图示，图示中高峰的位置为观者点赞的时刻，那么可以根据此曲线图示对自己的视频进行批量总结，得出视频的优缺点和观者的需求。

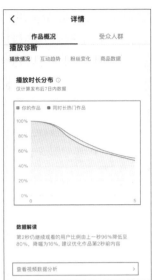

13.3.19　知己知彼，精准分析视频数据

除了使用抖音平台自带的数据分析功能外，还有一些不错的第三方数据分析工具，可用于分析抖音、快手等平台的数据，如飞瓜数据、蝉妈妈、卡思数据、抖查查、新抖等。借助工具，就能轻松地知道哪些视频是热门的、火爆的，从而找到创作捷径。

飞瓜数据

蝉妈妈

抖查查

通过这些工具可以实现的功能有很多，如查看粉丝排行榜、找涨粉最快的达人、找行业对标达人、找抖音热销商品、找带货最多的直播间、找带货最多的视频、找卖货最多的小店、看直播数据、看电商数据、红人对比、粉丝重合分析、看平台红人分布等。同时还可以了解观者画像，使得短视频策划更加精准。

热门视频榜

涨粉达人榜

行业达人榜

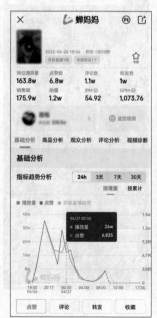

24 小时内播放量和点赞曲线

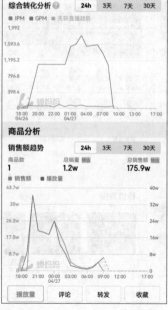

24 小时内综合转化分析和销售额趋势

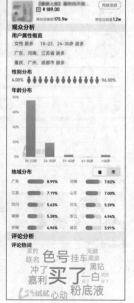

观者画像和评论分析

13.3.20　练习盲猜，提升热门短视频鉴别能力

短视频创作者切忌闭门造车，在持续创作的同时，也要多加关注时下火爆的作品。既要学会分析优秀作品的长处，学为己用，也要具备判断一个短视频作品是否具有成为"热门"的潜质。这种判断力能够在很大程度上帮助创作者制作出符合用户需求的作品。

那么，如何培养这种能力呢？其实很简单，当我们看了大量的短视频之后，一定会想，为什么这条短视频"火爆"，为什么那条短视频播放量少得可怜。那就加强"盲猜"的练习，右手挡住抖音界面右侧，在不看点赞数、收藏数、评论数的情况下，猜一猜这个视频是否"火爆"。猜对了，总结一下视频的特点；猜错了，想一想自己误判的原因，以及自己的作品是否会出现此类问题。多加练习，具备了判断力，也就相当于掌握了绝大多数观者的喜好，才能够"因地制宜、因人而异"地创作作品。

13.3.21　规避风险

创作过程中一定要注意，视频中严禁出现违法、敏感、低俗、突破道德底线等内容，否则将会被限流或封禁账号。除此之外，创作者还要注意作品中的"重复内容"，如同质化的文案、同质化的场景、多角度拍摄同一内容并多账号发布等，这些情况都容易被平台限制流量。因此，做优质、原创、正能量的内容才是成为"热门"的基础，想靠打"擦边球"或抄袭是行不通的。

13.4　快手、视频号等其他短视频平台运营

创作出的作品除了在抖音平台上投放外，也可以同步投放到快手、微信视频号、小红书、淘宝、微博、知乎、哔哩哔哩等平台。对于创作者而言，不同平台的使用方式大同小异，重点是内容的质量，坚持"内容为王"才是成功的基础。

抖音　　快手　　视频号　　小红书

淘宝　　微博　　知乎　　哔哩哔哩

13.4.1　快手短视频运营

快手也是使用人群较多的短视频平台之一。在快手上可以了解不一样的世界，认识有趣的人，也可以记录真实的自己以及不同的生活方式等。

目前，相对于抖音平台而言，快手主要以记录和分享生活为主。视频风格更"接地气"，多数为搞笑、记录日常生活。用户群体多集中在三、四线城市及农村，男女比例接近。视频获得的公域流量占比较多。创作者的变现方式以直播收入为主。因此，在快手上进行作品创作时就要多考虑平台及用户群体的特点，创作符合该群体喜好的视频作品。

对于创作者而言，可以在快手中找到搜索栏，在下方找到"快手热榜"。在"快手热榜"中可以找同赛道中热门的视频，从而进行学习或模仿拍同款；也可以搜索"创作灵感"，并点击"创作灵感"按钮，按照分类找到与自己账号关联度高的热门选题，进行学习和创作作品。

让视频在快手上"上热门"的7个小技巧：

（1）拍摄优质的、原创的视频内容。

（2）优化作品的文案和封面，做到主题突出。

（3）选择最近较为流行的音乐。

（4）视频前几秒要足够吸引人，提高完播率。

（5）关注并"@"快手热点。

（6）发视频时添加（#）热点话题。

（7）付费"快手粉条"，助力优质视频进入更高的流量池。

13.4.2　微信视频号短视频运营

微信视频号不同于微信订阅号、微信服务号，它是一个全新的内容记录与创作平台，也是一个了解他人、了解世界的窗口。相对于抖音平台而言，微信视频号的视频分发方式更丰富，一是与抖音类似的基于兴趣的算法推荐；二是微信好友分享、点赞、收藏的视频也可能会推送给用户。因此，微信视频号中的私域流量与公域流量占比相对均衡。视频更注重社交关系，以生活、知识类视频居多。

视频号的入口位于微信"发现"页内，进入视频号后点击右上角的用户图标，随后可以在"浏览设置"页面中看到"发表视频"按钮。

微信视频号的 7 个运营技巧：

（1）账号定位。明确自己账号的定位，持续创作垂直类视频。

（2）在视频底部加文字，增加可读性。

（3）可拍摄连续剧形式的视频。

（4）发布时间。微信视频号的浏览高峰在 18 ：00 左右。

（5）话题标签。在发布视频时可以增加多个热门话题标签，如"# 春节""# 春晚"等。

（6）多互动。视频发布后，多在评论区与粉丝互动。

（7）多分享。转发到朋友圈、社区进行私域推广，提高视频热度。

13.4.3　本节任务

在快手、微信视频号以及其他短视频平台上注册账号并投放已有作品。

第 14 章
短视频变现与直播变现不再难

■ **本章要点**

玩游戏能赚钱？站在手机前说说话就能赚钱？手机拍视频也能赚钱？这些在几年前看似天方夜谭的事情，如今早已变为现实。本章就来学习如何通过短视频和直播带货等方式走上"变现"之路。

14.1　开通抖音小店

抖音小店是抖音电商平台为商家提供的一项用于产品销售的工具。开通抖音小店后可以销售自己的产品，也可以与优秀的创作者合作，让创作者销售自己的产品，从而获得收益。

14.1.1　抖音小店入驻要求

以下为目前抖音平台对入驻抖音小店用户的部分需求，具体情况可以到抖音官方平台查看。

（1）需提供企业 / 个体工商户营业执照。

（2）需提供法定代表人 / 经营人身份证信息。

（3）需提供银行账户信息。

（4）需提供商标注册证及授权书。

（5）需提供银行开户许可证。

（6）进入个人入驻页面之后，根据实际情况填写个人身份信息。

（7）个人信息填写完成后，进入抖音小店店铺，按照要求填写店铺的名称、主营类目、店铺 Logo。

（8）如果选择特殊主营类目，需要在其他信息里提交相关资质。

（9）涉及类目总数越多，需缴纳的保证金就越高。在经营过程中，若新增类目，对应的保证金高于原保证金的，需要补交差额部分。

14.1.2　抖音小店入驻步骤

（1）在抖音 App 中点击右下角的"我"按钮，然后点击右上角的 按钮，在菜单列表中点击"创作者服务中心"按钮。

（2）进入"创作者服务中心"页面后点击"全部分类"按钮。

（3）在"功能列表"页面中点击"开通小店"按钮。

（4）在打开的"抖店"的"首页"中点击"立即入驻"按钮。

（5）根据要求填写相关信息。

（6）观者点击账号主页的"进入店铺"按钮，即可跳转至抖音小店。

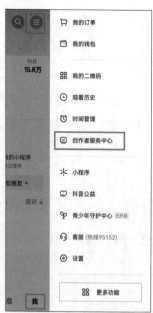

14.1.3 巧用"电商罗盘"，轻松选择爆品

开通抖音小店后，选择要销售的商品是头等大事。选品之前可以借助"电商罗盘"中的"抖音商品榜"功能了解目前市场上产品的销售情况。在电脑上打开"抖店"官网，登录后单击"电商罗盘"按钮，然后单击"商品"按钮，在打开的列表中单击"抖音商品榜"按钮，即可看到"大盘爆品榜""直播商品榜""达人热推商品榜""短视频带货榜""成交商品榜"以及"实时爆品挖掘"，有了这些成功案例的数据，可以

更有效地帮助卖家选择商品。

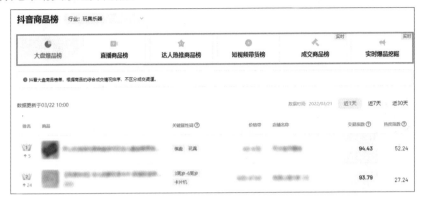

14.1.4　通过"小店随心推"增加店铺热度

"DOU+""小店随心推""巨量千川"是抖音旗下三个知名的付费推广工具，主要用于增加曝光率、加速粉丝增长、促进转化等营销用途。不同之处在于，"DOU+"主要针对非电商场景，用于增加短视频流量和曝光度；而"小店随心推"与"巨量千川"主要用于电商场景中的营销。其中，"小店随心推"更适合小店商家、电商达人、普通达人、电商机构服务商。

"小店随心推"在短视频带货中的使用方法如下：

（1）选择一条带购物车的短视频，点击右下角的分享按钮。

（2）在底部的按钮处滑动，找到并点击"小店随心推"按钮。

（3）选择合适的"投放金额"并支付。

14.1.5　通过"巨量千川"增加店铺热度

"巨量千川"是抖音电商生态中针对商家和创作者们提供电商一体化、智能高效的营销解决方案的工具。进入"抖店"后台即可开通"巨量千川"。通过使用"巨量千川"的广告投放功能可以带来更多的流量和销量，主要针对抖音带货。

商家或创作者通过"巨量千川"选择合适的"营销目标""营销场景""推广方式"，付费获取更多的流量和销量。

（1）营销目标：短视频/图文带货、直播带货。

（2）营销场景：通投广告、搜索广告。

（3）推广方式：急速推广、专业推广。

相对来说，"巨量千川"比"小店随心推"的门槛要高一些，但是可以制订更为详细的推广计划，更适合规模较大、品牌实力较强的店铺。在付费投"小店随心推""巨量千川"时需要注意投入和产出比，及时通过销售数据衡量是否值得继续投入。

14.2　在橱窗、视频、直播中推广产品

除了开设店铺外，在抖音平台中申请开通"带货权限"就能同时获得"商品橱窗""视频购物车""直播购物车"功能。通过使用这些功能，可在个人首页、短视频中以及直播中带货。

14.2.1　基本要求

想要在抖音橱窗、视频、直播中推广产品，首先需要满足以下要求：

（1）实名认证。

（2）缴纳商品分享保证金500元。

（3）发布并审核通过的视频数大于等于10。

（4）账号粉丝数大于等于1000。

14.2.2　开通步骤

（1）在抖音App中点击右下角的"我"按钮，然后点击右上角的 ☰ 按钮，在菜单列表中点击"创作者服务中心"按钮。

（2）进入"创作者服务中心"页面后点击"全部分类"按钮。

（3）在"功能列表"页面中点击"商品橱窗"按钮。

（4）点击"成为带货达人"按钮。

（5）点击"带货权限申请"按钮，并开通收款账户。

（6）根据提示完成申请要求，即可开通带货权限。

（7）成功开设橱窗后，根据要求添加商品，观者就可以在创作者的抖音主页中看到"进入橱窗"按钮。

（8）在短视频中添加"视频购物车"。观者可以在短视频左下角和评论区里看到产品购买入口。

（9）也可在直播过程中使用"直播购物车"功能。

14.3　短视频带货

开启了抖音的"视频购物车"功能之后，在发布短视频时可以在视频下方添加购物车（小黄车），观者刷到这条短视频时，短视频左下方会出现产品信息。点击即可跳转至产品销售页面，通过点击产品信息页面左下方的"进店"按钮，可以进入抖音小店选择更多的商品。

 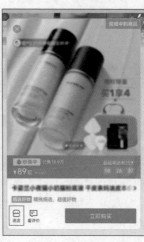 

14.3.1　我该带什么货

在持续做垂直账号并积累了大量粉丝后，我们肯定会想"如何变现"这个问题。带货是最直接的变现方式之一。短视频带货的关键在于商品的选择，选对了商品，或许能赚得"盆满钵满"，选错了就会很难卖出去。例如，目前很多明星也在带货，但是数据可能并不是很好。明星有自己的流量，但为什么数据这么差？可能是因为没选对货。

所以，在带货之前要分析自己账号的属性定位以及关注自己账号的粉丝的类型。分析哪些人在关注自己的视频，这类人群的需求是什么，这两者的交叉点就是所要带的货的类型。

想要对粉丝群体进行分析，借助蝉妈妈、抖查查等第三方数据分析平台可以轻松地获取更精准的用户分析数据，如性别分布、年龄分布、地域分布等。

例如，分享生活小妙招的视频账号，主要针对家庭主妇，那么需要带的货就是这个交叉点，如厨房用品、小家电等，并且根据人群定位，更适合带一些物美价廉的商品。如果商品本身足够优秀，而且调性与视频匹配，那么搭配在一起出现广告也会显得自然，转化率也会更高。但是建议大家不要在每一个视频中都搭配商品，否则很容易引起粉丝的反感。

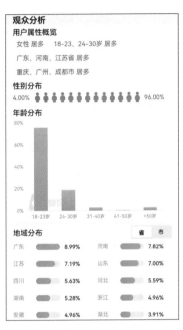

14.3.2　通过"爆款榜"了解什么商品卖得好

选择用于带货的商品不仅要考虑到是否与自己账号的类型相匹配，更要考虑到消费者的喜好。作为短视频的创作者同时也是商品的销售者，了解市场上的产品销售情况非常重要。抖音平台的"爆款榜"就是一个非常方便的功能，消费者可以从中购买热卖的商品，而作为销售者，则可以通过查看"爆款榜"了解目前的市场情况，分析哪些品类的销售情况较好，哪种商品更受消费者欢迎，并根据这些信息选择用于销售的商品。

在抖音搜索栏中搜索"爆款榜"，点击"抖 in 爆款榜"按钮，即可打开相应的页面，从中可以看到不同类目的热销商品。

14.3.3 在"选品广场"选择带货品类

如果没有自己的商品，也没有合适的进货渠道，可以在抖音的"选品广场"中选择合适的商品进行销售。进入个人抖音账号后台，接着进入"创作者服务中心"，点击"商品橱窗"按钮，在打开的页面中点击"选品广场"按钮，搜索商品品类，选择合适的商品，然后点击"加橱窗"按钮，即可将商品添加至自己的"橱窗"中。注意短视频的内容中要出现该商品，也就是说，广告要与商品紧密相关。

14.4 直播带货

直播带货是近年来"变现"能力最强的方式之一，通过直播销售商品，从而赚取佣金提成。除了一些经常能看到的"明星主播"外，规模较大的品牌方、小卖家甚至是个人都可以通过直播带货实现盈利。

14.4.1　不同类型的直播间及收益形式

时下流行的直播间类型很多，除了以销售商品为目的的带货直播间外，还有以聊天为主的语言类直播间，以展示唱歌、跳舞、脱口秀等才艺为主的娱乐类直播间，以分享各种专业领域知识、技能为主的知识技能直播间，以探店、旅行、野外生存等户外活动为主的户外直播间以及时尚穿搭直播间与游戏直播间等。

带货直播间

语言类直播间

娱乐类直播间

知识技能直播间

户外直播间

时尚穿搭直播间

带货直播间获取收益的模式最直接，即赚取商品的佣金。部分顶级带货主播还能够赚取"坑位费"，即厂家为了能够在顶级带货主播的直播间销售其商品而额外缴纳的费用。

其他几类直播间则可以通过粉丝给主播"打赏礼物"获得收益、与平台签约获得稳定的收入、在"直播购物车"中上架商品进行销售获得收益、为线下实体店引流获得收益，以及承接官方推广任务实现变现等。

14.4.2　如何在直播中带货

直播带货的受众群体非常大，这就给创作者提供了更多的机会。目前，不仅可以销售常规的品牌商品，甚至可以销售一些非常规的商品或服务。

想在直播中带货，需要先开通抖音购物车功能，并在橱窗中添加商品。进入"开直播"页面，然后点击"商品"按钮；选择此次直播需要销售的商品，点击"添加"按钮；添加商品后，设置好对应的开播信息，点击下方的"开始视频直播"按钮即可。

需要注意的是，商品的标题、信息及商品主图要符合平台的规定，可以在"创作者服务中心"页面中找到"商品管理规范"，并查看相关内容。

14.4.3　组建小型直播带货团队

小型直播带货团队可以由 2～3 人组成。即使在家，有家人的帮助也能直播。小型直播带货团队主要包括主播、助理和运营人员。

1. 主播

主要负责在直播过程中讲解商品、统筹全场以及与粉丝互动。

2. 助理

在直播过程中辅助主播做商品上下架、带动气氛、促单配合、提示活动、引导关注、卖点提醒、舆论引导等工作。

3. 运营人员

运营人员可以说是整个团队的核心，主要负责选品、策划直播、策划活动、分析直播数据等工作。

14.4.4　组建大型直播带货团队

组建大型直播带货团队可以实现比较细致的分工。除了台前的工作人员外，还需要大量的幕后工作人员。不仅需要主播、助理、运营人员，还需要场控、渠道、视频运营、客服等工种。

1. 主播

主要负责在直播过程中讲解商品、统筹全场以及与粉丝互动。

2. 助理

在直播过程中辅助主播做商品上下架、带动气氛、促单配合、提示活动、引导关注、卖点提醒、舆论引导等工作。

3. 运营人员

负责策划直播玩法、分析直播数据、策划活动、设计商品组合销售方案、直播商品排款、制定直播的流程与脚本以及广告投放等。

4. 场控

负责在直播过程中进行评论舆论引导、商品的上架与下架等。

5. 渠道

负责对接商家、选择商品。

6. 视频运营

负责短视频的策划、拍摄、剪辑、发布，以及为账号和直播间引流。

7. 客服

负责直播期间的售前咨询以及直播之后的售后问题解答。

14.4.5　直播带货所需设备

直播带货需要使用的设备与录制短视频所需的设备非常相似。如果追求简单、省钱，那么一台手机即可直播；如果想要打造专业的直播环境，则需要从拍摄设备、收音设备和灯光设备三个方面做准备。

1. 拍摄设备

（1）普通直播：通常手机直播带货即可，轻便、灵活，而且可以随时拿起手机拍摄商品特写等。需要特别注意的是，直播前要取出 SIM 卡，并且关闭各种软件提醒，避免直播过程中受到干扰。建议使用一部专门用于直播且拍照效果较好的手机。最好再准备另外一部手机，方便与观众互动。

优点：轻便、操作方便、不受场地限制。

缺点：清晰度一般。

（2）高清直播：较为大型、专业的高清直播间通常会选择使用具有 HDMI 功能的微单相机、单反相机或摄像机进行直播，画质更清晰，而且可以进行绿屏抠像直播。但需要注意，使用微单相机、单反相机或摄像机直播时需要配合采集卡和电脑。部分相机机型无须使用采集卡。

将微单相机、单反相机或摄像机连接到采集卡上，然后将采集卡连接到电脑上，在电脑上通过抖音官方提供的"直播伴侣"进行摄像头及画面的设置，完成后就可以进行高清直播了。

优点：高清、专业、可控性强。

缺点：费用高、布置相对复杂。

微单/单反/摄像机　　　　HDMI线　　　　　采集卡　　　　　USB线　　　　电脑+抖音直播伴侣

（3）三脚架 / 手机支架。将固定拍摄设备的机位，保持画面平稳。

（4）提词器。光靠记忆很难记住很多商品的功能和用法，这时需要提词器等设备辅助主播进行讲解。在直播时目视前方的提词器会使画面效果更自然。

2. 收音设备

（1）手机自带收音。手机自带收音功能，但距离主播较远、噪声较大、收音效果不佳，不推荐使用。

（2）领夹式麦克风。小型的收音设备，夹在领口收音效果更好，声音清晰、干净、洪亮。

3. 灯光设备

（1）专业影视灯。为了追求更好的画质，直播间的灯光起到了很大的作用。专业的直播间中通常会使用带有柔光灯罩以及升降支架的专业影视灯，既可以方便地调整灯光位置和照度，又可以得到柔和自然的光照效果。直播间灯光的布置可参考本书第 4 章中介绍的关于在室内录制短视频的几种布光方式。

（2）美颜灯。美颜灯的光线柔和，通常在正面使用，可以达到补光、美白、瘦脸的效果，并且可以将"眼神光"映射到眼睛上，使主播看起来更加精神。

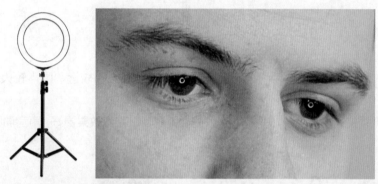

（3）反光板。人物的背光区可能会出现偏暗的情况，可以将反光板放置在光源的对面，将光线反射到背光区，使背光区变亮。常用于主播面部的补光，可以使面部结构看起来更加柔和。

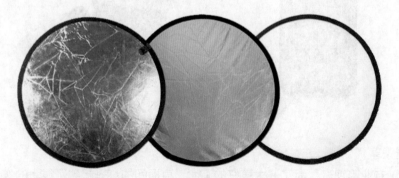

14.4.6　直播带货如何选择商品

直播间的销售是个动态的过程，其中销售的商品并不是随意选择的，为了尽可能地留住顾客，同时又要保证销量和利润，直播间中上架的商品需要包括三大类：福利品、销量品和利润品。

1. 福利品

福利品是指免费赠送或价格低于观众认知水平的商品，此类商品能促进密集成交，也就是短时间内的高成交量，带动直播间的人气。

试想，一个新主播，粉丝少、观众少，如果没有福利，观众又何必在直播间逗留太久呢？所以让观众感受到实惠的福利品是很重要的。眼光放长远一些，直播人气增长是有过程的。要先通过福利留住观众，让观众在直播间有更长的停留时长，才有可能增加涨粉、加粉丝团、互动的概率。这些都可以通过上架福利品实现，也会在以后的直播中逐渐出现累计效应。直播间会逐渐由全是新粉丝转为老粉、新粉结合的态势，人气也会逐渐上涨。

有什么办法在保留福利商品的同时，又能让直播间少亏一些？例如，既定的商品组合是买1盆绿植赠送2袋肥料，那么可以尝试拆分开，免费赠送1袋肥料作为直播福利，然后向下单用户赠送1袋肥料，这样就在等量赠送的同时促进了产品的销售。

2. 销量品

销量品是指利润较少但是销量很大的商品，此类商品可带动直播间的整体成交量，是"福利品"之后要介绍的商品。

福利品一定是与销量品密切关联的，两者都是不可或缺的商品。例如，绿植和肥料组合，以肥料为福利品。销量品怎么促成密集成交呢？关键是要价格合理。新直播间不要急于提高利润，要先做足人气，把直播间"养"好。销量品的利润低一些，观众会发现你卖得比其他直播间便宜，那么你就比其他直播间有优势，自然可以留住更多的人。

3. 利润品

利润品是指价格相对不实惠、利润相对较高的商品。新直播间不要急着上这种商品，否则会影响人气。通过福利品、销量品拉动密集成交，引入更多自然流量，然后再带动利润品成交。

14.4.7 直播商品排序的逻辑

一般情况下，观众在点击直播间的购物车时，手机界面上只能显示出4～5个商品链接。要在只显示这4～5个商品的情况下留住消费者，直播商品链接的排序就非常重要了。那么如何通过合理的商品排列顺序引导消费呢？以下为排品的常见模式，实际操作时需要根据商品特性进行调整。

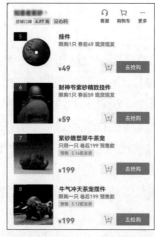

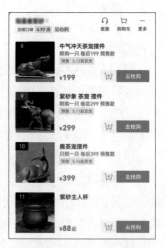

1～3号链接为"福利品"　　4～6号链接为"销量品"　　7～10号链接为"利润品"

1. 1～3号链接：福利品

1～3号链接可上架无利润，甚至稍微亏本的福利品，要与主利润商品高度关联，且价格低廉、实用性强、使用频率高、需求量大。当观众打开直播间购物车时，第一眼看到的就是这些商品，观众会觉得这个直播间的福利很多，买到就是赚到，也就会在直播间里停留更长时间，并产生更多的成交次数。

1～3号链接的关键在于便宜、实惠，不靠这些商品盈利，靠它们吸引更多流量。有人会觉得，把主利润商品上架在1号链接，可以增加观众购买的概率，但是这样观众会感觉价格太高，直播间不够实惠，自然不会停留太久。

福利品主要用于拉动直播间人气，所以不要一次性放完。根据直播间当前的人数，决定放福利品的数量。建议每次放几单，让观众抢购。

直播间核心产品	1～3号链接商品
茶具	小茶宠
床品四件套	床单被子固定器
水果	削皮器
吹风机	吹风机架

2. 4～5号链接：低利润商品

从1～3号链接的福利商品，过渡到4～5号链接的低利润商品，观众会觉得4～5号链接商品的价格应该也很实惠，因此也会比较容易达成成交。

3. 6 ~ 7 号链接：利润品

在 6~7 号链接中既添加具有一定利润的商品，以实现盈利，也可以添加多数人知晓的大品牌的商品，增强直播间的专业感以及观众对直播间的信任感。

4. 8 ~ 10 号链接：高利润商品

虽然打开购物车后需要滑动才能看到 8 ~ 10 号链接，但是主播在介绍时可以反复提起，以引导观众打开购物车，并向下浏览。就像乘坐商场扶梯上楼，途中能看到楼层之间的很多商品一样，从而增加曝光度。

如果直播间只销售一种商品，如只卖苹果，那么可以根据大小、个数、斤数的不同设计链接。例如，精品特级苹果礼盒装、10 斤大果、5 斤特价小果等。1 号链接可以放与商品关联度高的商品，如削皮器。

直播结束后可以通过转化率、增长趋势、商品评价、商家体验分等方面的数据来判断商品的选品是否合理。在多次直播后，运营人员可以根据实际数据总结商品的排序，找到更适合自己直播间属性与直播风格的排序方式。

14.4.8 树立合适的主播人设

合适的主播人设对于直播带货来说很重要，粉丝们会因为主播的人设和魅力而对商品产生好感，如美食类、土特产类主播，尽量树立实在、接地气、邻家友人的人设；服饰类主播，通常都会选择形象好、亲和力强的主播；化妆品类主播，可以塑造一个非常专业、值得信任的形象。

14.4.9 主播实用话术

直播过程中，主播说话的技巧是非常重要的。销售过程中并不只是一味地赞美商品，更多是要围绕以下几点展开：你需要、你喜欢、价格便宜、现在买最划算。

1. 直播暖场话术

在刚开播阶段，主播要迅速拉近与观众的距离。多互动、多聊天，避免冷场。尽量把第一波进入直播间的观众留住。

例如：

（1）点名（直呼其名，直接与粉丝对话，拉近距离）。

"哈喽，欢迎新进直播间的某某宝宝。"

"某某宝宝，欢迎你来到我的直播间，喜欢主播的点个关注哦！"

（2）找话题（像朋友聊天一样找共同话题，直播间如果有观众回复，即可轻松展开互动）。

"大家有没有像我一样皮肤偏黄的宝宝，穿衣不好搭配。"

"我给宝宝们挑选的裙子，黄皮穿上超美的，很显白。"

（3）福利预告（目的是留住人气）。

"欢迎某某进入直播间，新进来的宝宝不要走哈，马上发福利啦。"

"来来来，5分钟后我们直播间会给大家一个力度超大的优惠活动，千万别走！"

"宝宝们，9点半我们有发红包活动，10点半我们有5元秒杀活动！"

"感谢来到直播间的粉丝们，我的直播时间是每天晚上8点到11点，今天会有超多福利哦！千万不要走开。"

2. 商品推荐话术

开播前主播一定要提前做好功课，深入了解每款商品的属性、适用人群、商品特点、商品背景等，甚至要提前准备好与商品相关的故事，这样更容易获得观众的认同感。

例如：

（1）商品的故事、我与商品的故事。

"这是山区滞销的农产品，价格很便宜，卖不出去只能烂在地里了，大家真正需要的可以下单，感谢大家。"

"在我6岁那年，第一次吃这个糖感觉是最幸福的事儿了。我很清楚地记得当时咬下来一半吃，剩下一半没舍得吃，放衣服口袋里了，哈哈。"

（2）价格确实便宜。

"我是从厂家直接拿货的，没有中间商赚差价。"

"这款商品，我们比别人便宜十块钱，我自己补贴给大家。"

"这款商品，不用我多说了，价格太低了，之前我在直播间卖过，知道之前价格的宝宝们可以在直播间里说一下。"

"今天这款商品19.9元给到你，比市场价低了不少，只有50单啊。准备好，3、2、1，上链接。"

（3）现场试用、试吃。销售食品时可以边吃边讲，既贴近生活又能勾起屏幕前观众的食欲。销售化妆品时，则可以一边使用一边讲解。

"用这个火锅锅底涮羊肉，真的巨好吃，汤底一会儿我打包拿回家。"

"我们直接现场试一下这款粉底，看一下遮瑕效果，左右脸来个对比。"

（4）增强信任感。在直播中列举一些关于商品的截图，如销量截图、网友好评截图等，增强商品的背书。还可以以"我也买了"，吸引粉丝对主播同款的认同。

"大家可以看一下，这款商品的好评截图。"

"我自己也买了这条蓝色连衣裙，我比较喜欢这个颜色。"

3. 发送福利话术

主播热情一点，活跃气氛，营造一种抢到就是赚到的氛围。

例如：

"新进来的宝贝们，今天这款商品是主播带给大家的超级福利款，价格超低，买到就是赚到，只要 9.9 元就包邮到家。"

"喜欢商品和主播的宝宝们，记得点关注，加入粉丝团，下次直播不要错过。"

"人气上来了啊，大家可以点一下左上角的"福袋"，领取福袋，一会儿开奖。"

"现在直播间刚开，人数不多，刚进来有 50 人。来送一波福利，抢到就是赚到，人少抢到的机会更大，3、2、1，上链接。"

"我们这一单只开 1 分钟，拍到的宝宝们，我送你们运费险。"

"话不多说，我们先来抽波奖！"

4. 直播互动话术

直播互动话术需要主动引导观众进行互动，增加直播热度。

例如：

（1）提问式互动。

"大家觉得这两款，哪个更好看？"

"这款商品还需要再讲一下吗？"

（2）选择式互动。

"想看主播试穿白色款的刷 1，想看黑色款的刷 2。"

（3）刷屏式互动（活跃气氛）。

"跟我一样流口水的宝贝刷 1。"

"觉得这波福利可以的，刷波 666。"

（4）促抢式互动（制造抢不到的氛围）。

"后台看一下，还能不能多上几单。"

"有很多朋友没抢到啊，想要的扣 1，我看看还有多少人想要。"

5. 直播留人话术

不断提示接下来的福利、活动、商品，让观众有所期待，引导观众能够更长时间地留在直播间。主播可以每隔一段时间提醒一次观众几分钟后有什么福利，明确给出用户的停留时间。而且直播间人来人去，观众进入直播间的时间不同，因此就要调整好留人话术的节奏，隔一段时间说一次。

例如：

"大家别走，5 分钟后，我们抽一波奖。"

"我先介绍完这款商品，2 分钟后 8 点整，大家提醒我抽奖哦。"

6. 直播促单话术

为直播间营造紧张的抢购氛围。

例如：

"最后 1 分钟，手慢无。"

"我们按付款顺序给大家发，先付先发。"

"库存不多，就 50 件。"

"后台看一下还剩几单？""20 单。""现在还剩几单？""5 单。"

"3、2、1，上链接，还剩 5 单。"

7. 流程引导话术

引导观众关注账号、加入粉丝团、点赞。给观众一个关注你的理由，跟观众利益相关的内容更容易获取关注。

例如：

"点关注，不迷路。"

"新进直播间的宝宝们，不要直接下单，领了优惠券再下单更划算。"

8. 下播话术

直播接近尾声，下播前要记得告诉观众下次直播的时间，以及下次的福利和产品。

"明晚 8 点，准时来我直播间，抢福利。明天的福利有 ×××，超级划算。"

9. 违规话术

主播在介绍商品时要注意避免使用极限词、敏感词等广告法中涉及的禁用词，也要避免出现"全网最低"等的虚假优惠。部分商品要特别注意功效方面的宣传是否合规。例如，食品行业不可宣传其养生、保健、治疗功效。

避免"诱导互动"。直播过程中如果主播先提出条件，让观众满足条件后才能参加福利活动的互动行为，就容易被算作"诱导互动"。很多直播间都是因为"诱导互动"而违反平台规定的，所以直播话术很重要，既要吸引人气、促成交易，又要保证直播间不会被封。

另外，还要关注平台的规定，不同平台、不同时期对于主播话术的管控情况各不相同，需要随时关注，避免出现违规操作。

错误示范	参考话术
"一定要扣 666 报名参加，才能领取福利。"	"觉着这波福利不错的宝宝们，扣 666 让我看看。"
"1 分钟内下单的，我才能送你运费险。"	"这一单只开 1 分钟，抢到的宝宝们，我送你运费险。"
"给主播点赞，才可以购买这款特价产品。"	"喜欢主播的给主播一点儿支持，动动小手将免费的小心心戳一下。"

14.4.10 直播前的准备工作

开播之前需要进行一定的准备。例如,确定本场直播的主题、直播时间、直播时长;根据直播主题以及销售的商品制定拍摄脚本;确定了这些内容后可以进行直播预热;在正式直播之前测试直播效果。

1. 直播主题

确定本场直播的目的和主题,如常规带货、新品发布、去库存、节日促销、涨粉等。不同主题的直播,销售策略也不相同。

2. 直播时间与直播时长

(1)直播时间: 从近期直播数据来看,9:00—23:30 是直播间开播场次较高的时间段,其中有 3 次直播场次小高峰,分别是 9:00—11:00、14:00—16:00、20:00—23:30。建议新手直播间可以避开这几次热门的开播时间,避免因同期开播场次多、竞争大,而进入自己直播间的观众过少的情况。尽量养成持续每天固定时间段直播的习惯,让粉丝掌握你的直播规律。

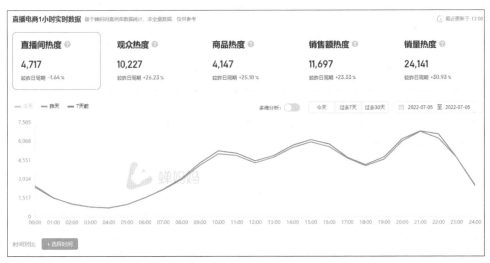

(2)直播时长: 通常一场直播时长都是 2 小时以上,新手直播经验少,遇到的问题较多,可以根据实际情况调整时长。例如,适当缩短时间,力争全力以赴做好每场直播。

3. 直播间环境布置

初次直播,直播间环境的布置应与商品属性相匹配,而且需要精心设计,具体可参考第14.5节相关内容。当遇到节日促销时,也可以在直播间的环境布置上体现节日气氛。

4. 制定直播流程脚本

既要提前制定好整场直播活动的流程脚本，包括预热、开场、产品分析、粉丝互动、福利活动、抽奖、秒杀、福袋、促单、结尾等；也要准备好每个商品销售过程中的话术及操作，提前做好计划，确保直播过程的流畅。

5. 直播预热

（1）提前设置直播标题、封面、话题等。

（2）做好直播预告，如更改账户昵称、简介，或在评论区发布直播预告。

（3）提前充值抖币，以便于在直播时为观众发放抖币、红包等，提升人气。

（4）拍摄直播宣传短视频为直播引流。

6. 直播前的测试

正式开播前要对直播设备、画面、声音、网络连通性等要素进行测试。

7. 自备第一波人气

为避免新手直播间"冷场"，可提前安排运营人员、家人、朋友在直播间停留及互动，增加热度。同样，当直播间人数不多时，可以用多个抖音账号在直播间引导正向互动，让直播间热闹起来。

14.4.11 不是直播间人少，而是你没有留住人

直播带货时，抖音会自动将直播间推送给相关的用户，而这些用户会随机刷到并进入你的直播间。很多人都在说："我的直播间人太少了，怎么才能让系统多给我推荐些人进来？"其实对于新手直播间来说，首先要考虑的是如何把这部分人留在直播间，而不是急于挖掘更多的人进入直播间。留住了这部分人，系统就会认为你的直播内容优质、观众喜欢看，就会给你的直播间推送更多流量。

想要留住观众，要在活动安排与话术使用上下功夫，下面以销售绣球花的直播间为例进行分析。

	话　术	分　析
发福利阶段	有没有第一次来我直播间的朋友？第一次来的朋友回复"1"，我统计一下人数。一会我要给新来的朋友送福利了	在人数不多的直播间里，主播要活跃起来。以福利吸引观众互动，增强直播间热度

续表

	话　术	分　析
发福利阶段	我刚在抖音开播，一定不会亏待大家，新来的每个朋友，每人送 1 袋"绣球调蓝剂"	主动与观众互动聊天，并且通过各种福利留住观众。赠送小商品的目的是拉人气、留住观众，让系统推送更多人进来。所以赠品价格无须太高，但要与主销商品高度关联
	感谢这位加我"粉丝灯牌"的宝宝啊，我多送你 1 袋	点名感谢粉丝，表达主播对粉丝的尊重与重视。同时为"忠实"粉丝赠送礼品，吸引其他观众参与
	大家都知道，蓝色绣球花是通过调节土壤为酸性来实现花朵变蓝的，所以"绣球调蓝剂"是养绣球的必需品，我直接送给大家了。一会儿我们的工作人员后台统计一下，免费送给大家	介绍赠送的福利品的价值，引起观众重视。福利品要与主销商品相关
产品销售阶段	好了，福利大家都抢到了，我们接下来上一款梦幻蓝色重瓣密开的绣球花，这款花是带花苞发出的，已经调好蓝色了，这次开花直接欣赏就好了。下一次绣球发芽的时候，记得用我送给大家的调蓝剂，这样就可以继续开蓝色花	送完免费福利后，此时观众还停留在直播间。不要着急卖利润品，可以切换到销量品。销量品依然有价格优势，会吸引部分观众。如果直接上利润品，很有可能使刚进入直播间的一些人立刻离开。展示与福利品重度关联的商品，获得了福利品的观众自然会考虑主销商品
	我直接从厂家拿货，所以比较便宜。这么大的花，在其他渠道买大概要 100 元，今天在我这里买只要 59.8 元，再额外送你一袋调蓝剂	对比其他渠道的价格，使观众感受到价格实惠。赠送福利品，使观众更觉超值
	你要是抢到了刚才的福利，就会给你寄两袋调蓝剂	重复提起之前发福利的情况，加深观众认为"直播间的商品比较实惠"的印象
	不多说，限量 10 单，3、2、1，上链接	限量销售＋倒计时，营造紧迫感，减少观众消费决策的时长，更容易促成交易
直播间人数减少	有没有新进直播间没抢到福利的宝宝？回复"1"让我看到你。好，那我们再送一波福利	开播一段时间，上架一些销量品之后，直播间人数少了很多。运营人员应及时提示主播继续上一波福利，拉动人气。要注意，直播的时间很长，但是每个人进入或离开直播间的时间是不一样的。所以福利不要一次性放完，要根据人数的变化趋势，及时发放和调整

14.4.12　直播复盘很重要

每一次直播结束后，都要及时进行直播复盘，发现问题、解决问题，发现优势、保持优势，才能取得长足的进步。在第 13 章中介绍了实用的数据分析工具：蝉妈妈、飞瓜数据、抖查查等，可以借助这些工具进行直播复盘分析。

1. 整体复盘

不同的数据平台略有差异，以蝉妈妈平台为例，在这里可以通过查看直播的观看人次、销售额、人气峰值、平均在线、累计点赞、涨粉 / 涨粉率、点赞数、评论数、关注数、流量来源等信息，了解直播带货的水平层次。通过这些数据可以判断这场直播对于新人的转粉情况、粉丝的驻留时长、弹幕交流情况等，以便下次直播时根据数据不好的部分有针对性地调整直播策略。

例如，观众"平均停留"的时间越长，越能说明直播间的质量和主播留客技巧比较好。一般来说，观众停留时长 ≥ 2 分钟就是较为优秀的。

"涨粉 / 涨粉率"能够反映直播间吸纳新粉丝的能力。在直播推荐打开的情况下，涨粉率≥ 5% 即可视为比较优秀。单场直播转化新粉比例≤ 3% 时，说明大多数路人用户没有被直播内容吸引，需要从人、货、场等多角度找原因。

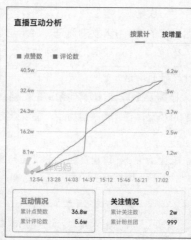

2. 局部重点复盘

整体复盘数据后，接下来就要在重点的局部时间段分析直播数据了。直播的各类数据都是实时动态变化的，在直播间中，上架商品时、上架不同价格的商品时、上架不同优惠力度的商品时、发放福利时，甚至是销售话术都会引起数据的变化。

根据这些关键时间点的人气、带货等数据的变化，就可以判断哪些商品更受观众欢迎、涨粉更多、成交更多，哪些福利更容易带来人气，哪些话术更容易促成成交，哪些价格实惠的商品更好销售，等等。这些经验要在复盘时一一进行记录，并在下次直播带货时加以运用。

例如，在直播复盘时，发现当主播说到"宝宝们，点点右上角的关注，加入粉丝团，我们马上发福利了"时，粉丝数量有小幅增长，那么说明此类话术是有价值的。直播复盘次数多了，自然就会不断优化出更适合本直播间的话术、福利、商品定价等。

又如，"客单价"能够直接反映观众下单的平均成交价格水平。通过不断地复盘数据，可以更准确地了解本直播间的观众对于商品定价、商品选品的偏好。

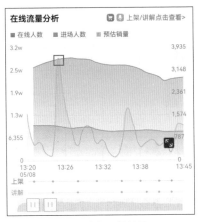

某时间点的预估销量

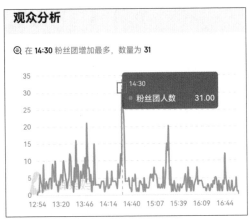

某时间点粉丝团增加的数量

3. 商品选品复盘

在确定了直播间的整体数据、局部数据后，直播间的选品是否合理、观众是否喜欢也是很重要的数据。通过数据分析工具，可以对直播间的上架商品、销量、销售额、UV 价值、客单价、带货转化率等数据进行分析。

通过按照销量进行排序，可以分析出本场直播中的爆品及滞销品。逐步将滞销品更换，使直播中所售商品更符合本直播间观众的喜好。

4.观众数据复盘

直播结束后，还可以通过查看粉丝团情况、关注情况、用户属性、性别分布、年龄分布、地域分布以及弹幕分析，深入剖析观众的喜好及实际需求。

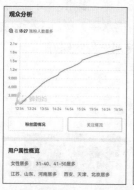
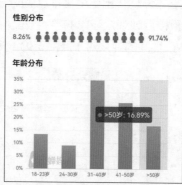
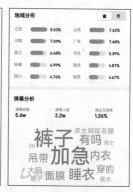

14.4.13 增加直播热度

在抖音直播中，非带货直播与带货直播进行推广的工具是不同的。不带货时，可以使用付费功能"DOU+"为直播间增加热度；而在带货直播时，则可以使用付费功能"小店随心推"提升带货直播和短视频的播放量和互动量，优化商品成交，助力电商用户内容加热与成交。

1.非带货直播

只在抖音开直播而不带货，增加直播间热度的方法如下：

（1）点击直播间下方的■按钮，点击"DOU+上热门"按钮。

（2）根据实际需求选择合适的"投放金额"并支付。

2. 带货直播

进行带货直播时，需要先添加商品，再使用"小店随心推"。方法如下：

（1）直播前点击"商品"按钮，选择需要上架的商品。

（2）点击直播间下方的"随心推"按钮，根据实际需求选择合适的"投放金额"并支付。

14.5　直播间吸睛技巧

想要留住直播间中的观众，不仅要有优秀的主播和优质的商品，更要在直播间的环境上下足功夫。

14.5.1　直播带货的不同方式

同是销售一类商品，直播间的形式却不一定只有一种。主播在固定的室内空间直接介绍商品的直播可以说是最常见的直播带货形式，这种形式可销售的商品类型非常广泛，但过于常见。除此之外，还可以有多种直播形式，一方面可以从直播环境入手，另一方面可以从直播内容入手。下面以销售小龙虾的直播间为例进行介绍。

介绍商品	展示原材料	展示制作过程	使用商品
常规室内直播间，只讲商品。空口白话，很难打动人心	相对于带有包装的商品，原材料更能引起人们的好奇心。接地气地拿起鲜活的小龙虾进行讲解，或者在打捞小龙虾、饲养小龙虾的场景下带货，更加与众不同	直接在工厂直播，观众可以看到包装、发货的全过程。增加信任感	边吃边卖，直观的体验感更容易激起观众的购买欲望
吸睛指数★★	吸睛指数★★★	吸睛指数★★★	吸睛指数★★★★

不能否认某种形式的直播间，因为每个人的直播风格不同，直播间体量也不同。所以，当直播间人数不多的时候，可以尝试不同的直播形式，测试哪种方式更吸引人、观看人数更多、成交量更高。

14.5.2　构建简单常规的直播间

直播间的布置方式要根据直播内容和带货类型而定。例如，服装类直播间需要完整地展示人物全身，而小件商品（如食品、饰品、工艺品等）的销售只需展示主播半身。主播也可以不出镜，将商品展示作为画面的全部内容。

无论是站播还是坐播，相对干净、整洁的环境都是非常必要的。例如，选择单色的墙壁作为背景，或在没有杂物且颜色较为单一的空间直播。这种环境较为常见，也比较容易实现，这种直播间通常给人以简单、舒服的感觉，但缺乏亮点和特色，不容易让观众长时间停留在直播间。

书籍直播间

女装直播间

花卉直播间

14.5.3　符合商品气质的直播间

　　根据商品的类型及特点，布置符合商品气质的直播间环境，更容易凸显商品特色。例如，运用装饰画、毛绒玩具、抱枕等道具布置出的温馨甜美的童装直播间，摩登时尚感的 T 台走秀风女装直播间，商场专柜风格的运动装直播间，以书架为背景的富有文艺气息的图书直播间，等等。

童装直播间

女装直播间

运动装直播间

图书直播间

14.5.4　新、奇、特的直播间

　　带货直播间众多，对于广大观众来说，大同小异的室内直播带货形式难免令人

提不起兴趣。如果无法在销售的商品上与其他直播间产生差异，那么可以尝试在带货的环境或带货的方式上做一些变化。

目前，各平台中都有一些与众不同的直播间，主打"新""奇""特"。当观众看到这些直播间时，往往会产生大吃一惊之感，惊讶于带货形式的奇特，这就是所谓的"记忆点"。所以，打造与众不同的直播环境，加深观众对直播间的"记忆点"，才能吸引更多观众。

例如，果蔬类直播间可以直接在种植基地开播，一边采摘一边介绍；冬装直播间选择在下大雪的户外，身着商品的主播能够切实地使观众感受到服装的保暖性，也更贴近真实生活；蜂蜜商品直播间则可以设在养蜂场，群蜂环绕，主播身着防护服装收割蜂蜜并介绍商品。

如此这般，可以营造出"新""奇""特"的视觉感受，吸引观众的注意力，而更核心的底层逻辑是要打造极致的"代入感"，看直播就像是身临其境一样。这样的直播带货是不是更有趣？商品是不是更让人觉得放心？主播的人设是不是看起来更接地气、更实在？

果蔬类直播间　　　　　　　　冬装直播间　　　　　　　　蜂蜜商品直播间

除了以上的直播背景外，还有"抠像换背景""大显示器背景"等背景方式，这两种方式都可以根据直播内容方便地更换背景。其中，"抠像换背景"比较适合官方品牌直播间，显得更大气；"大显示器背景"的优势在于它看起来更高端、更专业，而且可以随时切换背景来辅助介绍商品，适合大型直播间、知识付费直播间等。

抠像换背景直播间

大显示器背景直播间

14.5.5　沉浸式带货直播间

　　别把直播带货想得太复杂，没口才也能带货。千言万语不如一试，用最简单、最直接的方式，卖美食就吃起来，卖服装就穿起来，卖工具就用起来。真实还原商品的应用场景，或者展现少有人见过的商品的生产过程，用沉浸式的购物体验打动观众。

即食类零食直播间	美甲用品直播间	狗粮直播间
主播仿佛坐在餐桌对面大快朵颐，很难不令人流口水	美妆类商品效果直观，第一视角拍摄商品的使用过程，美美的效果仿佛出现在观众身上	模拟自家宠物开饭时的样子，胜似千言万语，粮好不好，狗狗"说"了算。

旅行商品直播间	画具直播间	瑜伽用品直播间
无论什么样的语言都难以描述体验类的商品，而通过直播的画面让观众亲眼看到优美的风光和快乐的主播就不一样了。屏幕之外，身未动，心已远	以高超的画技描绘出美妙的画面，绘画爱好者很难不被吸引。而且极易使观众产生一种"我用了这套画笔我也能画出来"的感觉	将商品直接运用到瑜伽中，讲解瑜伽技巧的同时展示商品，使观众产生"收获感"，有效延长观众在直播间的停留时间

海产品直播间	鸡肉、鸡蛋直播间	玩具直播间
带包装的成品海产品大家都不陌生，但加工过程就不一定人人都见过。现场加工、现场打包、现场发货，所见即所得	鸡肉、鸡蛋没什么新奇的，养殖场地却不一定人人都见过。展示生态化的养殖场地，更容易"俘获人心"	谁说玩具都是小孩子玩儿的？第一视角展示新奇有趣的玩具玩法，更容易吸引人们观看

14.5.6　一反常规的带货体验

抖音是一个泛娱乐化的平台，大多数人使用抖音是为了娱乐、消遣、消磨时间。这就决定了平台上的大部分用户是具有娱乐精神的，因此无论是拍短视频、直播，抑或是带货，都可以添加一些娱乐元素。如果常规的直播带货方式不能吸引太多流量，还可以换一种思路，如尝试一反常规的带货方式。一反常规的售货场景、与众不同的带货方式、新奇独特的商品都容易吸引观众观看。

一反常规的场景	一反常规的主播	一反常规的商品
女装＋海边	农产品＋影视角色	工艺品＋独一无二＋现场定制
直播场景不一定非要在室内，如服装直播间，试试在室外直播带货。观众在观看服装展示的同时，还能看到室外的风景。与服装风格匹配的场景更容易展现服装之美	如果无法在直播场景上做出变化，那么"不太一样"的主播也是不错的创意，如角色扮演、独特妆造等	常规的商品看多了自然会感到无趣，而当直播间出现了不那么常见的商品或服务时，往往会使人眼前一亮

14.6　知识付费

知识付费销售的是知识、技术、经验，甚至是聪明才智。所以，知识类短视频是一种成本低、利润高、人设风格突出的变现方式。进入知识领域的创作者越来越多，各个赛道接近饱和，竞争非常激烈。所以，知识领域内容也更加细分、精准。例如，一个账号只讲授如何卖二手车、培训烧烤技术、介绍餐饮加盟的经验、讲解如何运用短视频赚钱等。

14.6.1　如何使知识类短视频更热门

有一技之长，并且有一定的粉丝基础，有持续输出优质知识内容的能力，就可以尝试做知识付费内容。而想要从"知识付费"中获得更大的收益，首先要使更多人看到并认可自己拍摄的知识类短视频。那么，如何使知识类短视频更容易成为"热门"呢？

1. 讲变现干货

能赚钱的知识更吸引人，前提是创作者要有真本事、真经验。

2. 提高点赞率

内容干货，让观众感觉可以从中学习到真正有价值的内容。

3. 提高评论数

如果在短视频内容中增添些许争议性，有人赞同、有人反对，自然评论区就有更多的讨论内容。

4. 提高转发率

短视频所讲授的知识高级、突破常规认知，观众转发给别人的同时可凸显自己的品位，转发率自然高。

5. 提高收藏率

短视频内容知识高深、复杂、不易听懂、有价值，需要收藏后反复琢磨思考。

6. 加快涨粉速度

短视频内容具有连续性，每集之间环环相扣，让观众产生期待，从而为了继续观看后面的内容而加以关注。

14.6.2　如何提高付费内容成交量

为什么同样是教学，在短视频平台做知识付费能比原来的行业更赚钱？这是因为抖音、快手等短视频平台每天都有大量更精准的流量。以前创作者面向的是一个小圈子，现在面向的是整个互联网的精准用户。掌握了精准的粉丝，利润自然会翻倍。

想要提高付费内容成交量，可以从以下几个方面入手：

（1）拍摄该赛道的干货、知识、经验等的短视频，树立"行业达人"的人设，吸引粉丝关注。

（2）开直播，免费帮助粉丝解决当下困扰，获得潜在付费用户关注。

（3）在购物车中上架录播课程、线下课程以及付费加入粉丝群等项目。

（4）从付费学员中挑选出一些成功案例，直播时分析点评，佐证课程的价值，吸引观众购买。

14.6.3　知识付费类短视频的常用拍摄场景

知识付费类短视频的常用拍摄场景大致可分为三种。

1. 生活化聊天方式

用日常聊天的方式将知识内容输出，如与同事开会时、与同行吃饭聊天时、度假时、在车里时、散步时，都可以进行知识分享。以聊天的方式录制短视频，无须看向镜头，观众感受更真实。

2. 模拟课堂的讲课方式

凸显专业性的人设。

3. 课件形式授课

无须真人出镜，录制电脑屏幕内容，如 PPT 课件或软件操作等。

4. 直播连麦方式

直播连麦帮粉丝解决难题，然后将连麦互动的录像作为短视频。

14.7　通过"巨量星图"变现

简单来说，抖音平台中的"巨量星图"功能就是一个"任务大厅"。广告商在"巨量星图"发布广告任务，抖音达人可以通过"巨量星图"承接广告任务，实现盈利。

14.7.1　开通"巨量星图"承接广告任务

（1）打开抖音，搜索"巨量星图"，并点击"进入"按钮（前提：账号粉丝数要达到1000）。

（2）选择身份"我是达人"/"我是客户"，点击"立即入驻"按钮。

（3）回到主页，点击右下角的"我"按钮，点击右上角的 ≡ 按钮，在打开的菜单列表中点击"创作者服务中心"按钮。

  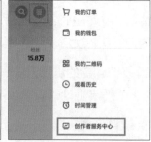

（4）在"功能列表"页面中点击"星图商单"按钮。

（5）进入"星图"页面，在"星图课堂"中可以学习如何接单、变现。

（6）在"任务列表"中可以选择适合自己的任务。接下来便可以按照要求完成任务获得收益了。

14.7.2　让客户找到你

当达人粉丝大于10万后，可以在平台开启"在抖音个人主页展示合作链接"功能。开启后，个人主页会显示"找我合作上星图"，客户可通过此处联系达人进行合作。

14.8　承接官方推广任务变现

进入抖音中的"创作者服务中心"，可以通过承接"全民任务"和"中视频计划"等官方的推广任务实现变现，还可以通过"游戏发行计划"和"变现任务中心"实现变现。

14.8.1　全民任务

"全民任务"是抖音第三方广告的发布平台。商家可以发布悬赏任务，达人按照要求承接并完成任务，即可获得收益。进入抖音中的"创作者服务中心"，在"功能列表"页面中点击"全民任务"按钮。随后即可看到任务列表，了解任务信息并承接相关任务。

14.8.2　中视频计划

"中视频计划"是抖音联合今日头条、西瓜视频共同发起的中视频伙伴计划。"中视频"是指时长在1～30分钟的视频，主要为横屏视频。时长较长的横屏视频通常剧情更饱满，给人的观感体验也更完整。进入抖音中的"创作者服务中心"，在"功能列表"页面中点击"中视频计划"按钮，点击"立即加入"按钮即可参与。

除此之外，满足条件的账号还可以有更多的变现方式，如"团购带货""新番计划""站外播放激励""视频赞赏"等。

14.8.3　游戏发行人计划

"游戏发行人计划"是抖音官方发行的游戏推广平台。创作者可以选择合适的任务，进行视频创作。以游戏内容为基础，将游戏植入视频，为游戏增加曝光量，根据游戏的下载量和视频播放量获取佣金。

（1）打开抖音，搜索"游戏发行人计划"，点击"进入"按钮进入小程序。

（2）在任务列表中找到感兴趣的游戏，点击进入详情页。

（3）进入详情页后，认真阅读任务的介绍说明，点击右上角的"试玩"按钮，通过录屏或在平台上获取素材包的方式制作相应的视频，再点击下方的"上传视频完成任务"按钮即可发布视频。

14.8.4　变现任务中心

在抖音中搜索"变现任务中心"，点击"进入"按钮进入小程序。此时可以选择其中的任务类型，还可以按照"奖励类型""行业"进行任务的筛选。

14.9　视频挂载小程序变现

　　小程序厂商可以通过抖音平台发布小程序推广计划，创作者可以通过拍摄与小程序相关的视频上传到平台上并挂载小程序，用户经由短视频使用小程序，创作者即可获得推广佣金。

　　（1）搜索"小程序推广计划"，并点击"进入"按钮进入小程序。

　　（2）打开小程序推广计划列表，找到适合自己账号属性的小程序。

　　（3）了解推广要求，制作相关视频，并点击"上传视频完成任务"按钮发布视频。

　　（4）上传视频并挂载小程序后，短视频页面会显示推广的小程序。平台会根据视频播放量、小程序点击量、小程序内广告收入、小程序内支付收入等数据，为创作者核算收益。

14.10　承接探店广告

　　除了前面提到的几种变现方式外，还可以承接探店广告，如美食探店、民宿探店等。探店视频可以理解为软广告的一种。通过拍摄创作者在店里的经历、分享创作者感受，吸引观众前来消费，从而获取商家的广告费用。

探店类短视频在发布作品时要加上城市信息，方便同城用户浏览到该视频。同时也要明确店铺地址坐标，方便观众找到店铺位置。

餐厅探店	采摘园探店	酒店探店
今天，我们去尝尝火锅界的"天花板"，走！	草莓摘下来可以直接吃，今天带你去采摘园！	你有想过，睡醒推开窗户就能看见大海吗？今天我带你去体验！

14.11　线上直播转线下成交

线上直播带货的销售能力毋庸置疑，但有些"商品"可能无法在线上购买和邮寄，如餐厅、健身机构、实体培训机构、房产交易、汽车销售等需要在实体店面消费使用。这些类型的商家就无法通过直播提升业务量吗？并不是。这些无法在直播间直接卖货的商家，可以在直播间进行"商品"的展示。

例如，在自助餐厅中直播，顾客漫步在丰盛的菜肴间，随意自取、大快朵颐。诱人的美食画面，必然会有人问"餐厅在哪里"。在直播间内用"粉丝账号"的身份与之互动，发出餐厅地址，只要好吃，餐厅必然火爆。除了转为线下消费外，还可以在直播过程中同步销售食材、配料或外带菜品，如火锅底料等。

再如，健身机构直播健身房中的健身课程，优质的健身空间、完备的健身设备、专业耐心的教练、专注运动的顾客都是吸引人的亮点。为实体店扩大影响力，吸引顾客前来咨询、报名，实现线上展示、线下转化的目的。另外，还可以顺便销售与健身相关的产品，如服装、配件等。

自助餐厅直播

健身机构直播

 读书笔记